VOYAGE AGRICOLE

DANS

LE LIVERPOOL-PLAINS

(NOUVELLE-GALLES DU SUD)

PAR

M. DE SAVIGNON

CHEF DES TRAVAUX AGRICOLES A L'INSTITUT AGRONOMIQUE
COMMISSAIRE DÉLÉGUÉ PAR LE MINISTÈRE DE L'AGRICULTURE A L'EXPOSITION INTERNATIONALE
DE SYDNEY

NANCY

IMPRIMERIE BERGER-LEVRAULT ET Cᵗᵉ

11, RUE JEAN-LAMOUR, 11

1884

VOYAGE AGRICOLE

DANS

LE LIVERPOOL-PLAINS

(NOUVELLE-GALLES DU SUD[1])

PAR

M. DE SAVIGNON

CHEF DES TRAVAUX AGRICOLES A L'INSTITUT AGRONOMIQUE
COMMISSAIRE DÉLÉGUÉ PAR LE MINISTÈRE DE L'AGRICULTURE A L'EXPOSITION
INTERNATIONALE DE SYDNEY

APERÇU GÉNÉRAL.

Parmi les stations ovines de la partie de l'Australie désignée sous le nom de New-South-Wales, celle de Gurley passe, avec raison, pour être l'une des plus importantes, et sous tous les rapports, des plus intéressantes à étudier dans tous ses détails.

Elle est située dans le Nord du New-South-Wales, au milieu des districts pastoral de Liverpool-Plains et électoral de Gwydir, comté de Courallie, à 615 kilomètres de Sydney, à 492 kilomètres de Newcastle, à 177 kilomètres de Gunnedah, terminus de la ligne de chemin de fer qui, partant de Newcastle, se dirige vers le Nord. Pour s'y rendre, on prend à Sydney le bateau à vapeur qui fait régulièrement le service entre la capitale du New-South-Wales et Newcastle ; ensuite la voie ferrée s'arrêtant à Gunnedah. Arrivé à ce point, on use du mail-coach desservant le comté de Courallie, mais seulement jusqu'à Narrabri, où il change de direction et laisse

---

(1) Ce travail a fait l'objet d'un rapport adressé de Sydney à M. le Ministre de l'agriculture et du commerce.

ANNALES DE L'INSTITUT NATIONAL AGRONOMIQUE

TOME VII, 1882

VOYAGE AGRICOLE

DANS

LES LIVERPOOL-PLAINS

(NOUVELLE GALLES DU SUD)

PAR

M. DE SAVIGNON

ÉTUDES AGRICOLES A L'INSTITUT AGRONOMIQUE
MEMBRE DE L'AGRICULTURE A L'EXPOSITION INTERNATIONALE
DE SYDNEY

NANCY

BERGER-LEVRAULT ET Cⁱᵉ

1884

VOYAGE AGRICOLE

DANS

LE LIVERPOOL-PLAINS

(NOUVELLE-GALLES DU SUD)

NANCY, IMPRIMERIE BERGER-LEVRAULT ET Cⁱᵉ.

à l'Est le chemin de Gurley. Il reste alors 72 kilomètres que l'on parcourt, soit en voiture particulière, soit plus communément à cheval.

De Newcastle à Singleton, petite ville placée au point de rencontre des trois comtés de Northumberland, de Hunter et de Durham, la voie ferrée a été établie dans la vallée du Hunter. Elle longe la rive droite du fleuve de ce nom, le traverse à Singleton et le rejoint à Musclebrook, à 49 kilomètres de Singleton, le longe encore pendant 11 kilomètres, enfin le franchit une dernière fois à Aberdeen et suit un de ses affluents, le Kingdoon-Ponds. Cette rivière prend sa source au pied du mont Murillo, coule du Nord au Sud, pénètre dans la chaîne de montagnes de Liverpool, contourne le pic de Murillo, laisse les montagnes derrière elle, entre dans le district pastoral de Liverpool-Plains, et poursuit sa route jusqu'à Gunnedah sans accidents de terrain sensiblement marqués.

La géologie de cette partie de New-South-Wales semble faite d'une manière peu complète, les meilleures cartes indiquent de vastes superficies procédant de la même formation, tandis que des îlots appartenant à une autre époque, parfois même de grandes étendues de terrains de formations différentes de celles qu'indique la carte, ne sont pas mentionnées.

NEWCASTLE. HOUILLE.

Newcastle, ainsi nommée à cause de son immense production houillère, qui lui donne un point de ressemblance avec la ville du même nom située en Angleterre, est le principal centre houiller de New-South-Wales, et même de l'Australie. Elle est construite sur le port Hunter, à l'embouchure de cette rivière, au pied d'une chaîne de collines peu élevées qui en règlent le cours. Le charbon est certainement la véritable richesse du pays. Le travail que son exploitation fournit à la portion économe de la classe ouvrière, lui procure l'aisance. La société moyenne de Newcastle, composée presque exclusivement de marchands, trouve dans l'ensemble des travailleurs une clientèle sûre et qui rend ses transactions florissantes.

Enfin, lorsqu'à Newcastle les opérations financières sont conduites avec la prudence qu'elles exigent partout, elles offrent plus qu'ailleurs des chances de réussite ; et il n'y a là rien qui doive surprendre, si l'on considère qu'elles sont l'œuvre d'une population dont l'industrie consiste à prendre une matière immédiatement utilisable, qu'elle a sous les pieds, et à l'exporter pour en recevoir la contre-valeur en échange.

La spéculation avait un champ libre à Newcastle, elle s'est donné carrière et a presque toujours réussi ; puisse-t-il en être ainsi partout où elle opérera avec la même honnêteté !

Les terrains qui avoisinent Newcastle acquièrent une valeur qui va croissant de jour en jour, par suite de la certitude que l'on a d'y trouver du charbon. Cette valeur diminue à mesure qu'on s'éloigne de la ville et de la voie ferrée.

Newcastle, avec sa population de 20,000 habitants, offre un précieux débouché aux produits de la petite culture, mais ne suffit pas à les absorber ; l'excédent contribue, pour une bonne part, à alimenter Sydney.

De Newcastle au mont Murillo, sur une longueur de 196 kilomètres, le sol est désigné comme terrain houiller ; cependant dans les environs de Maitland il est formé d'alluvions provenant de la désagrégation de roches trappéennes[1]. A Wollomby-Road, à 35 kilomètres de Newcastle, le pays devient fortement ondulé, parfois même montueux. La tranchée du chemin de fer a été, en maints endroits, ouverte à travers des bancs de grès stratifiés en couches épaisses faiblement inclinées ; elles sont séparées les unes des autres par des plaques d'un ciment ferrugineux dont l'épaisseur, souvent très faible, ne dépasse jamais un petit nombre de centimètres ; ces dépôts ferrugineux semblent formés par la filtration des eaux à travers des couches de grès bien distinctes les unes des autres. Sous ces bancs de grès se montrent parfois d'épaisses couches de sable contenant de gros cailloux roulés ; quelquefois aussi ces bancs sont séparés, surtout à la partie supérieure, par des couches de schistes argileux, ou par des dépôts de sable grossier ou d'argile mêlée de sable, dans lesquels se trouvent souvent des bancs de galets variant de la grosseur du poing à celle de la tête d'un homme.

Depuis sa sortie des montagnes désignées sous le nom de Liverpool-Range jusqu'à Gunnedah, le chemin de fer a été établi sur les parties les plus élevées du terrain qui constitue le Liverpool-Plains ; ce sont les seules qui, ne se détrempant jamais, puissent supporter la voie. Les terres de cette contrée sont de nature argileuse. Les débris végétaux qui s'y sont accumulés depuis des siècles lui donnent une couleur noir foncé. La végétation y est luxuriante.

1. Le trapp est souvent très abondant au milieu des terrains houillers, c'est ce qu'on peut remarquer en France dans les houillères de Brassac, sur les bords de l'Allier.

Sur tout le parcours du chemin de fer, ce fait est remarquable, les matières les plus lourdes du sol, le sable et les cailloux, forment les parties les plus élevées du pays, tandis que les limons et les matières organiques les plus ténues se sont déposés dans la plaine. Le voyageur est à même de le constater souvent dans le New-South-Wales.

De Gunnedah, dernière station du chemin de fer, à Bogabri, la route longe, pendant un trajet de 40 kilomètres, la rive gauche de la Gonadilly ou Moaki, dont la jonction avec le Turrabeile-Creck, à Bogabri, forme la rivière de Namoi.

En allant de Gunnedah vers le Nord, on laisse à l'Est le terrain houiller ; à Bogabri on y entre de nouveau pour le quitter encore à environ 3 kilomètres de Narrabri, à Killarney. A cet endroit, le calcaire carbonifère se trouve immédiatement sous le sol, mais la couche de houille, après avoir disparu, réapparaît à 2 kilomètres plus loin et se prolonge au delà de Gurley, jusqu'à la frontière du Queensland. La route de Bogabri à Narrabri se dirige du Sud-Sud-Ouest au Nord-Nord-Ouest, ne déviant de la ligne droite que par de faibles courbes, tantôt vers l'Est, d'autres fois vers l'Ouest. Elle forme un angle très ouvert à Narrabri, où elle prend sans détours la direction nord-ouest, et se maintient dans le terrain carbonifère pendant 75 kilomètres. Le bassin houiller dans lequel sont situés Bogabri, Narrabri et Gurley, s'étend en New-South-Wales sur une longueur de 328 kilomètres.

BOGABRI.

La ville de Bogabri est de peu d'importance : originairement c'était un relai de poste, maintenant c'est une petite ville de 80 maisons et de 2,500 habitants. On y trouve quelques magasins dans lesquels les voyageurs et les habitants du bush peuvent se procurer les objets qui leur sont indispensables. Bogabri possède deux banques, succursales de celles d'Australasia et de New-South-Wales, dont le siège est à Sydney. La ville est pourvue d'une école publique ; 50 enfants des deux sexes la fréquentent et y reçoivent une instruction primaire. L'État alloue à l'instituteur un traitement annuel de 5,000 fr. ; il perçoit en outre des familles une redevance variant de 62°,5 à 1 fr. 25 c. par enfant et par semaine. En prenant la somme la moins élevée (62°,5) et en la multipliant par le nombre d'enfants (50) et par le nombre de semaines d'école (48), on obtient un produit de 1,500 fr. qui, ajouté aux 5,000 fr.

que l'État accorde à l'instituteur, élève son traitement à 6,500 fr. par an.

La distance qui sépare Bogabri de Narrabri est de 24 kilomètres.

NARRABRI.

Narrabri, chef-lieu du district judiciaire de même nom, est située dans le comté de Nandewar, district électoral de Gwydir. Ce district mesure en longueur environ 321 kilomètres du Sud-Ouest au Nord-Ouest, et en largeur 193 kilomètres de l'Est à l'Ouest.

On y comptait le 31 mars 1878 :

Chevaux	4,016
Bêtes à cornes	85,441
Bêtes à laine	266,840
Porcs	1,055

Narrabri est en plein terrain carbonifère. Aucune exploitation houillère n'y existe, mais lorsque l'État vend des terres, il accorde à son acquéreur la faculté d'en extraire le charbon qu'elles pourraient contenir moyennant une augmentation de prix de 62 fr. 50 c. à l'hectare, payables le quart comptant, et le reste dans les trois ans. L'acquéreur est tenu en outre de réaliser une amélioration foncière équivalant à la somme de 52 fr. 50 c. à l'hectare dans le même laps de temps. (Art. 54 des amendements aux lois de 1861 et 1875.)

Le mauvais état des voies de communication, le manque de bras, et la situation meilleure des centres houillers existants font que, dans cette région, ainsi que dans bien d'autres où le charbon abonde, cette richesse reste enfouie dans les profondeurs du sol, en attendant le jour où son exploitation, devenue plus facile, répondra aux nouveaux besoins d'une nombreuse population.

La ville de Narrabri est bâtie sur les deux côtés d'une route. Sa population est de 7,000 habitants, elle est pastorale plutôt qu'agricole ; 322 hectares seulement sont cultivés dans la commune (*township*). Naguère dans l'aisance, la population a été appauvrie par les sécheresses des trois années 1876, 1877, 1879.

La main-d'œuvre est chère à Narrabri, l'ouvrier gagne 6 shillings (7 fr. 50 c.) par jour. Lorsqu'il est célibataire, on estime que, pour bien vivre et s'entretenir de tout, il lui faut 25 fr. par semaine et le logement. Avec le double de cette somme par semaine, il peut, s'il

est marié et industrieux, procurer l'aisance à sa femme, à deux enfants, envoyer ceux-ci à l'école et faire des économies.

Les ouvriers mariés sont en petit nombre, ce sont les meilleurs.
Ceux qui sont rangés placent leurs épargnes dans des banques.
Parmi les établissements de ce genre, les succursales fondées par
l'Australasian-Bank et le New-South-Wales-Bank offrent à l'épar-
gne toutes les sécurités désirables. Lorsqu'une famille a ainsi
réalisé un pécule de £.150 à £.200 (3,750 à 5,000 fr.), elle se
livre d'ordinaire à la culture, en commençant par 40 acres (16 hectares 12 centiares), elle court alors toutes les chances qui enrichis-
sent ou ruinent le cultivateur.

Les ouvriers célibataires, en général, ne font pas d'économies :
on les paye presque toujours en un chèque, et lorsqu'ils ont gagné
un peu d'argent, ils se réunissent plusieurs ensemble dans une au-
berge, remettent leur chèque à l'hôtelier et vivent largement chez
lui, jusqu'au jour où celui-ci les prévient qu'ils n'ont plus rien à
dépenser. Ils retournent alors à l'ouvrage, et s'ils n'en ont pas, ils
prennent leur cheval, parcourent le pays, s'arrêtant de station en
station ; partout ils trouvent le vivre et le couvert.

La population ouvrière ne jardine pas, de sorte qu'elle vit assez
bien en hiver, mais qu'elle manque de légumes en été.

Il y a peu de Chinois à Narrabri ; ce sont de bons travailleurs,
laborieux et intelligents, mais ils y sont mal vus de la population,
comme dans tout le New-South-Wales.

A quelque distance de la ville vivent un assez grand nombre
de noirs indigènes à l'état sauvage, on les nomme *black-fellows*
dans le langage usuel. De toutes les races humaines, celle des
aborigènes est au dernier degré de l'échelle. Les black-fellows
sont de cette catégorie. Ils sont nomades, portent des haillons qui
couvrent à peine leur nudité, et vivent par familles généralement
peu nombreuses. Parfois ces familles se réunissent, mais sans jamais se confondre. Des branches d'arbres appuyées contre une
traverse leur servent d'abri. Leur nourriture consiste en animaux
sauvages et en végétaux, lorsque la chasse ne suffit point à leurs
besoins.

Ces aborigènes ont le front déprimé, les yeux écartés et les
pommettes saillantes. Un gros bourrelet osseux forme l'arcade
sourcilière et se prolonge au-dessus du nez, lequel est court et
épaté. La bouche est énorme et les lèvres sont épaisses et pen-
dantes ; les incisives supérieures sont séparées par un intervalle de
deux centimètres. La barbe et la chevelure sont abondantes ; la tête
est enfoncée dans de fortes épaules. Le black-fellow est d'une

grande agilité et infatigable à la course ; il se fait un point d'honneur de suivre, à la seule inspection du terrain, la piste d'un kanguroo et de le poursuivre jusqu'à ce que l'animal tombe exténué de fatigue ; cette course dure parfois deux jours.

Les femmes sont repoussantes de laideur ; nubiles à douze ans, elles sont vieilles et décrépites à vingt-cinq. Quand, par hasard, les black-fellows ont travaillé et gagné un peu d'argent, ils viennent en ville le dépenser en boissons et en achats de vêtements. Chose imprévue ! ces vêtements sont souvent pour eux une cause de mort prématurée ; l'excès de chaleur qu'ils procurent les invite à se baigner dans les eaux les plus fraîches et ils contractent ainsi des fluxions de poitrine que le défaut de soins et la faiblesse de leur constitution rendent incurables. Quelques black-fellows sont employés sur les stations, où ils sont utilisés comme *stock-men* (gardiens de bétail ou de chevaux), et rendent souvent de grands services par suite de la délicatesse de leurs sens, qui leur permet parfois de suivre au galop de leur cheval la piste d'un voleur de bétail. La complexion de ces noirs les rend impropres au rude travail des stations. La vie sauvage seule leur convient, mais comme elle devient difficile par suite du développement des stations , leur nombre (comme celui des Peaux-Rouges de l'Amérique du Nord) diminue de jour en jour.

Narrabri possède une école publique semblable à celle de Bogabri : les enfants des deux sexes y apprennent à lire et à écrire. On leur enseigne aussi un peu d'arithmétique, de grammaire, de géographie, mais pas d'histoire, à cause des questions religieuses qui s'y trouvent mêlées à certaines époques.

Cent enfants sont inscrits ; 65 seulement suivent les cours. Le traitement fixe de l'instituteur est le même qu'à Bogabri. Aux 5,000 fr. fixes qu'il reçoit annuellement de l'État s'ajoute une allocation hebdomadaire de 1 fr. 25 c. par élève, ce qui, pour 66 élèves pendant 48 semaines, donne un produit de 3,900 fr., et porte à 8,900 fr. l'ensemble de son traitement.

Les terrains situés au bout de Narrabri forment administrativement deux classes distinctes : les communaux ou *commons,* et la réserve ou *domain.*

Les commons correspondent à nos terrains communaux, ils appartiennent à la ville, qui les utilise au mieux des intérêts de ses habitants.

La réserve constitue le domaine de l'État. Il le consacre uniquement à l'agrandissement des villes et oppose ainsi un obstacle à la spéculation qui, si elle était libre, se porterait sur les terrains urbains et en élèverait démesurément les prix, au détriment de l'intérêt général. En règle, l'étendue des commons et celle de la réserve sont proportionnées à l'accroissement qu'une ville est jugée susceptible de prendre.

La superficie des communes varie de 485 hectares 49 ares à 2,427 hectares 48 ares; elle est pour Narrabri de 485 hectares 49 ares.

La réserve de l'État, pour la même ville, est de 1,416 hectares 3 ares.

Une feuille publique hebdomadaire traitant surtout des sujets relatifs à l'élevage et à l'agriculture, s'imprime à Narrabri au moyen d'une presse à main; c'est le *Narrabri Herald*. L'impression en est bonne, et la feuille répond aux besoins de la population en la tenant au courant des mouvements commerciaux que subissent les divers produits de la contrée.

Le pays, nous l'avons vu, est peu cultivé : les fermes ont une étendue moyenne de 320 acres (129 hectares 46 ares 56 centiares). Les plus grandes ont 258 hectares 93 ares 12 centiares; les plus petites 16 hectares 18 ares 32 centiares. Les concessions accordées à la culture ne sont ni plus étendues, ni plus restreintes.

Les pâturages sont trop luxuriants pour qu'il soit nécessaire d'établir des luzernières, aussi en fait-on fort peu.

Le maïs, qui alterne avec le froment sur la même terre et souvent la même année, donne à l'acre de 7 hectolitres 26 litres à 9 hectolitres 8 litres, soit de 17 hectolitres 96 litres à 22 hectolitres 44 litres à l'hectare.

Le froment n'est pas cultivé pour le grain : coupé en vert, il est donné tel quel aux chevaux, ou après avoir été fané.

L'avoine est fauchée lorsque le grain est encore à l'état laiteux et la tige à peu près entièrement verte; elle sert aussi à l'alimentation des chevaux.

La farine dont se nourrit la population, vient de Tamworth et du South-Australia. Dans ce dernier cas, elle arrive par des bateaux qui partent de Wellington, remontent d'abord le Murray et ensuite le Darling ou Barwon jusqu'à Walgett, ville de 5,000 âmes située au confluent de cette dernière rivière et de la Namoi. Ces bateaux, après avoir débarqué leurs cargaisons, prennent des chargements de laine et redescendent le courant. Les laines ainsi exportées sont des produits de New-South-Wales. Elles sont néanmoins considérées comme provenances de la colonie de South-Australia, ce qui fait beaucoup de tort au commerce de Sydney.

Nous avons rencontré à Narrabri un compatriote, le docteur de

Lépervanche, lauréat de la Faculté de médecine de Paris et fils de
M. Mézières de Lépervanche, botaniste distingué de l'île de la
Réunion. Établi à Narrabri depuis quelques années, le docteur de
Lépervanche y exerce sa profession, jouissant de l'estime et de la
considération que lui ont values son talent et son caractère. Il
est propriétaire d'un paddock de 200 acres de superficie (80 hectares 91 ares), dont une portion minime est cultivée, et le surplus affecté à l'entretien du bétail. Le sol, ombragé en plusieurs
endroits par l'*Eucalyptus red gum*, est couvert d'un pâturage composé principalement de graminées et de légumineuses. Le paddock est clos sur la moitié environ de son pourtour par le cours
de la Namoï, et sur l'autre moitié par des palissades de bois. Il
peut entretenir 200 têtes de bétail lorsque l'année est bonne; d'ordinaire, il n'en reçoit pas plus de 50, moitié bêtes à cornes et moitié
chevaux.

Les plantes cultivées par le docteur de Lépervanche sont en petit
nombre : ce sont le froment, l'avoine, la pomme de terre. Le froment n'est cultivé que comme fourrage. Le sol, sur une partie des
rives de la Namoï, la seule du paddock qui soit en culture, est
formé par des alluvions de la rivière ; il est naturellement riche.
Lorsqu'il est humide, la forte proportion de matières organiques
qu'il renferme lui communique une couleur noire bien tranchée.
Cette teinte passe au gris foncé quand la terre est desséchée. La
nature de ce terrain ne convient pas à la production du grain,
mais, en retour, les céréales y fournissent une grande quantité de
paille.

Le froment et l'avoine sont semés sur un labour très superficiel
et donnent une abondante récolte de paille. J'ai mesuré le diamètre
d'un brin de paille d'avoine de la variété dite *potato oats* (avoine,
pomme de terre), entre le troisième et le quatrième nœud il était de
12 millimètres. La terre où cette avoine a été faite est cultivée depuis environ trente ans, elle n'a jamais reçu d'engrais et les rende-
ments n'ont pas encore subi la moindre diminution.

La variété de pommes de terre cultivée est l'*Early* rose : le sol
qui doit la porter reçoit un labour de 15 à 18 centimètres de profondeur et la plantation a lieu à la fin de septembre, ou mieux en
août. Dans ce dernier cas, la récolte mûrit avant l'arrivée des chaleurs estivales. La quantité de plant employée est de 3,138 kilogr.
à l'hectare, soit 41 hectolitres 84 cent. Le plant consiste en pommes de terre entières auxquelles on supprime tous les yeux, sauf
deux. Il est admis qu'après cette taille les plantes résistent mieux
à la chaleur que si l'on eût laissé plusieurs tiges s'alimenter aux

dépens du bourgeon-mère et le dessécher. L'expérience, facile à faire, conduirait à un résultat utile si elle venait confirmer l'exactitude de cette observation.

De Narrabri à Gurley, la contrée appartient à la même formation géologique.

STATION DE KILLARNEY.

Cette station, sur laquelle on arrive immédiatement après avoir quitté le territoire de Narrabri, est la propriété de M. Alfred Doyle, qui y habite avec sa famille.

Nous avons reçu, à Killarney, un accueil qui a fait passer, pour nous, comme autant d'heures, le peu de jours qu'il nous a été donné de nous y arrêter.

La maison d'habitation et les bâtiments d'exploitation sont placés sur la route de Narrabri à Gurley, à 6 kilomètres de Narrabri.

Le sol de la portion que nous avons parcourue est de nature argileuse dans toute la partie située sur la droite de la route de Narrabri à Gurley. Il est très adhérent et sa couleur est foncée. Il repose sur le calcaire carbonifère que l'on ne rencontre nulle part à moins de 2 mètres de profondeur. La nature de ce sol favorise la production d'herbes convenant mieux aux bêtes à cornes qu'aux moutons. On remarque dans les paddocks une plante propre à l'Australie, le *nardow*, qui se plaît surtout dans les terrains frais. Les terres situées immédiatement sur la gauche de la route de Killarney à Gurley sont plus élevées que les autres et d'une constitution toute différente ; elles ont été formées sur place et empruntent leur caractère franchement siliceux à la désagrégation des grès sur lesquels elles reposent et dont les couches superposées se montrent souvent à nu. Cette partie est boisée, l'herbe qu'elle produit est fine et ne convient pas aussi bien à l'engraissement que celle de la plaine. Au contraire, sur l'autre partie (ouest de la station), il n'existe qu'un petit nombre d'arbres ; ils sont destinés à abriter le bétail.

La station de Killarney est d'une étendue totale de 46,941 hectares, divisés en paddocks de 400 hectares en moyenne, sauf une vaste superficie entièrement boisée, qui n'est pas encore utilisée.

Les bêtes à cornes sont de race Durham. Elles présentent un ensemble des plus satisfaisants. Dans le troupeau d'élevage on remarque même un certain nombre d'animaux que leur beauté rendrait dignes de figurer à toutes les expositions.

L'élèvage se fait en liberté complète : les veaux naissent dans les paddocks et ne les quittent que pour aller à l'abattoir.

Les génisses consacrées à la reproduction sont livrées au taureau à l'âge de 20 à 24 mois.

La péripneumonie exerce quelquefois des ravages dans cette contrée; on la traite par l'inoculation. Cette opération se pratique au moyen d'un fil de laine qui sert de véhicule au virus et que l'on introduit à l'aide d'une aiguille entre la peau et la chair. L'inoculation se fait à la queue; mais elle a le grave inconvénient de la faire quelquefois tomber. De plus, il a été constaté que souvent les animaux qui l'ont subie, restent étiques, ce qui peut résulter de la trop grande virulence du vaccin employé.

Les pâturages les plus élevés, ceux par conséquent qui sont les plus secs et dont l'herbe est la plus fine, sont réservés à l'élevage des moutons. Le troupeau a du sang mérinos. Il compte 13,500 têtes.

Les béliers ordinaires donnent en moyenne 3^k,173 de laine, et les béliers de choix 5^k,440.

Les brebis sont livrées au bélier à deux époques différentes : le 1er mars et le 1er octobre ; un bélier suffit à 50 brebis. L'agnelage a lieu au printemps et à l'automne ; au printemps de 1879, il a donné 95 agneaux pour 100 brebis. Le sevrage se fait à cinq mois.

La vente des moutons gras est conclue quelquefois sur la station, plus généralement à Maitland et à Sydney.

La tonte est faite en août et septembre. La proximité de Narrabri permet à M. Doyle de se procurer, quand il le juge à propos, le renfort de main-d'œuvre nécessaire pour activer cette opération.

La laine est coupée en suint sous un bâtiment couvert; elle est triée et classée en 7 catégories comme suit :

1° 1er *combing* (1re de peigne); 2° 2e *combing* (2e de peigne); 3° 1er *clothing* (1re de carde) ; 4° 2e *clothing* (2e de carde) ;

5° *beleys* (ventres); 6° *locks* ;

7° *pieces* (débris).

Ce classement effectué, la laine est mise en balles et pressée sur la station. Les balles pèsent uniformément 226^k,600 chacune.

M. Doyle élève encore, sur la station de Killarney, les chevaux nécessaires au service de sa maison et aux besoins de son exploitation.

Son personnel, très restreint, se compose d'un employé comptable et d'un petit nombre de stockmen et de bergers.

Les améliorations réalisées par M. Doyle consistent en bâtiments, clôtures en bois et en fil de fer, abreuvoirs, barrages et puits. Tous ces travaux ont été conduits avec économie. Ils ont sensiblement accru le revenu et conséquemment la valeur du fonds.

Enfin, tout dans la tenue et dans l'administration de Killarney révèle la présence d'un propriétaire éclairé, attaché à sa station et s'appliquant à la rendre productive et agréable.

Des creeks qui ne tarissent jamais et les abreuvoirs qu'ils alimentent fournissent aux animaux, en temps de sécheresse, l'eau dont ils ont besoin.

Tous les paddocks n'ont pas l'avantage d'être pourvus de creeks, ni même d'être situés de manière à permettre d'y amener l'eau; des puits et des abreuvoirs obvient à ces inconvénients.

L'eau se trouve à une profondeur qui varie de 6 mètres à 34^m,60.

On remarque à Killarney un puits à manège d'un agencement tout particulier et qui réunit la simplicité et la solidité. Depuis son installation par M. Doyle, beaucoup d'autres ont été établis dans le district sur le même modèle.

En sortant de la station de Killarney, la route s'engage au milieu de fortes collines, formées de bancs de grès superposés; après quelques kilomètres, elle entre dans une vaste plaine dont la constitution géologique est la même que celle des environs de Narrabri. Elle aboutit, après avoir traversé cette plaine sur une étendue de 32 kilomètres, à un groupe de montagnes composé de six pics qui forment autant d'îlots volcaniques dans le bassin houiller ; ce sont : le Lindesday, le Digidaa, le Cayalal, le Boonbouronby, le Ferrergee et le Courradda.

La route de Gurley passe d'abord entre le Cayalal et le Boonbouronby et ensuite entre le Ferrergee et le Courradda. Ces deux dernières montagnes forment la limite sud de la station : le voyage est terminé.

Il devient maintenant intéressant de retracer, au point de vue agricole, l'aspect du pays de Newcastle à Gurley.

DE NEWCASTLE A GURLEY.

Au sortir de Newcastle, la vallée du Hunter, riche dépôt d'alluvion d'une grande épaisseur, présente le coup d'œil le plus varié comme modes d'exploitation différents les uns des autres. Parfois, dans les parties basses, le terrain est garni d'une végétation particulière aux prairies humides; on y voit alors paître de forts chevaux et des bêtes à cornes appartenant en majeure partie à la race Durham.

Lorsque le terrain se relève, la nature de l'herbe change : elle est plus fine et sa couleur présente une teinte plus tendre que celle des bas-fonds. Au milieu de ces pâturages, on aperçoit souvent encore des bêtes à cornes et des chevaux, mais ils sont plus légers que ceux entretenus dans les prés bas. Le mouton réussit bien sur ces parcours, dont la salubrité est toujours entretenue par leur altitude et par la grande perméabilité du sol.

Il est à remarquer que dans ces herbages élevés, la coloration est d'un vert plus tendre que dans ceux des bas-fonds, et que l'herbe y est aussi plus fine et plus nourrissante. Cette pousse de plantes délicates et nutritives sur des terres élevées et pauvres, est un phénomène qui ne s'observe pas seulement en Australie, mais qui se produit aussi en Europe, dans les pâturages de montagnes ; il est dû à la condensation des vapeurs atmosphériques.

La contrée, à partir de Maitland, ville située à 32 kilomètres de Newcastle, jusqu'à Singleton, sur un parcours de 45 kilomètres, présente l'aspect varié des pays de culture. En passant en chemin de fer, on peut apercevoir, entre autres, des champs de pommes de terre parfaitement entretenus.

Les céréales cultivées sont : le froment, l'avoine et le maïs. Le froment et l'avoine sont, le premier surtout, clairsemés et infestés d'herbes dont le développement semble être résulté de l'humidité de la saison.

Les luzernes sont très belles. Elles donnent de 7 à 8 coupes, lorsque l'année est favorable ; leur verdure en New-South-Wales est uniforme et n'est pas interrompue par la moindre tache de cuscute.

Les seuls instruments agricoles que nous ayons vus dans les champs étaient des charrues pourvues du versoir Howard et munies de mancherons très longs, et des faucheuses à deux chevaux accomplissant un ouvrage d'autant plus parfait que les luzernes qu'elles coupaient étaient faites sur des terres d'alluvion naturellement bien nivelées et exemptes de pierres.

Les vignes sont établies sur des pièces de terre de forme régulière, par rangées distantes les unes des autres de 1^m,50. Elles sont bien conduites et d'une propreté remarquable. Les ceps, disposés en quinconces, sont espacés de 1^m,20. Les échalas qui les soutiennent dépassent de 1^m,20 le niveau du sol. Quelques vignes sont taillées à long bois ; leurs verges sont attachées à deux rangs de fils de fer. Toutes sont façonnées à la charrue. Pendant la première et parfois la deuxième année de leur plantation, on cultive du maïs et des pommes de terre dans l'intervalle des lignes. La plupart du temps, le produit de ces cultures couvre les frais de plantation de la vigne et procure un beau bénéfice. La plantation en sarments est généralement préférée à celle qui se fait en plants enracinés.

De Singleton à Murrurundi, sur un parcours de 114 kilomètres, l'aspect est à peu près le même que de Newcastle à Singleton, à cette seule différence près, qu'en se rapprochant du Liverpool-Range, les superficies cultivées diminuent, tandis que celles livrées au bétail augmentent.

De Newcastle à Murrurundi, on remarque un nombre assez considérable d'établissements de *free selectors*, offrant alternativement le spectacle, au début, de la misère ; et plus tard, du bien-être acquis par un travail intelligent et opiniâtre. La sélection (de *seligere*, choisir) est un mode d'acquisition propre à l'Australie et destiné à développer la petite propriété. Moyennant un versement de 5 shillings par acre (15 fr. 44 c. par hectare), le *selector* devient propriétaire du terrain qu'il désire, mais à la condition expresse qu'il y résidera pendant trois ans et qu'il y fera une amélioration foncière d'une livre par acre (62 fr. 39 c. par hectare).

Les concessions sont limitées à 240 hectares. Mais dans les familles nombreuses, la loi, sur ce point, est aisément contournée par la facilité accordée à tous les colons, même aux mineurs, de devenir propriétaires. Les demandes sont faites séparément par tous les membres de la famille. Une habitation commune, élevée au point de jonction des lots obtenus, répond à l'obligation de résidence.

Les sélections sont groupées dans un certain rayon autour des centres de population ; elles deviennent plus rares à mesure que l'on s'en éloigne. Elles sont toujours établies sur des terres fertiles, assez boisées pour fournir des matériaux de construction et, autant que possible, à proximité de l'eau. Une autre considération d'une moralité douteuse règle aussi, à l'occasion, le choix de l'emplacement : le sélecteur accorde ses préférences aux terres qui, par leur situation, doivent gêner le squatter. Ils le contraignent ainsi à acheter ces terres à un bon prix.

La traversée du Hunter se fait sur un pont en fer. On voit immédiatement après, à droite et à gauche, une végétation toute particulière : ce sont des chardons à large fleur jaune clair, dont la hauteur varie suivant le degré de fécondité du sol ; très touffus à cet endroit, ils peuvent atteindre 3 mètres d'élévation. La semence de cette plante aurait été, au dire des habitants du pays, importée de la Plata dans la crinière et la queue des chevaux introduits pour les besoins de l'élevage australien. Sur une observation que les bêtes à cornes et les chevaux qui pâturaient au milieu de ces chardons étaient très gras, que le poil de ces derniers était très beau et qu'ils présentaient les indices d'une grande vigueur, un propriétaire me répondit que ces chardons étaient un riche aliment et que, bien que très envahissants et considérés comme nuisibles, ils rendaient des services, surtout dans les sols rocailleux et ingrats. Les animaux les recherchent et les mangent, non pas frais, mais lorsque la tige a été brisée et que la feuille offre un commencement de fenaison; en cet état, les piquants dont cette plante est armée ont moins de dureté.

L'agriculture est moins développée à mesure que l'on approche du Liverpool-Range. Presque partout, dans ces montagnes, le sol est d'une grande pauvreté; il est couvert d'une herbe chétive et aussi d'eucalyptus rabougris. Pendant les années normales, le pâturage, pauvre en hiver, disparaît dès avant le printemps. La petite ville de Hollow est située au sein de ces montagnes de grès. Elle est entourée de terres fertiles. Un grand nombre de ruisseaux, roulant une eau limpide, favorisent la pousse de l'herbe et font de ce petit pays un véritable îlot de verdure qui contraste agréablement avec les sites hachés et désolés des montagnes qui l'environnent. On se croirait dans un petit coin du Limousin. Le sol de cette localité appartient à la formation granitique.

En quittant le Liverpool-Range, on entre dans le Liverpool-Plains. Ce pays, entièrement plat, comme son nom l'apprend, est bien arrosé. Il est même exposé à souffrir de l'excès des eaux qui, après avoir saturé le sol et ne trouvant pas de pentes pour s'écouler, restent stagnantes. Elles le convertissent alors en un vaste marais que l'évaporation fait disparaître. Lorsque l'action prolongée du soleil ou du vent d'Ouest, souvent des deux ensemble, se fait sentir, le Liverpool-Plains offre le spectacle d'un désert de terre noire et pulvérulente, d'où toute trace de végétation est effacée.

ESSENCES ARBUSTIVES DU LIVERPOOL-PLAINS.

De Gunnedah à Narrabri, à part quelques clairières, la route ne traverse que des forêts. Les essences arbustives qui y prédominent sont les suivantes :

Le *Blue gum* (*Eucalyptus globulus*);

Le *Red gum* (*Eucalyptus rostrata*);

L'*iron-bark* (*Eucalyptus leucoxylon*) ;

L'*apple-tree* ou *apple scented Eucalyptus* (*Eucalyptus Stuartiana*).

Les trois premiers arbres sont employés comme bois de charpente ; ils sont recherchés pour l'établissement des clôtures, à cause de leur bonne conservation et de la facilité avec laquelle on les fend.

De ces variétés, le bois de l'*iron-bark* est le plus dur.

L'*apple-tree* exige un sol plus fertile que les variétés susénoncées ; où le settler le rencontre, il peut défricher en toute assurance, il fera de bonnes récoltes. La feuille de l'*apple-tree* est plus arrondie que celle de ses congénères. Elle renferme une grande quantité de sève qui la rend succulente ; son odeur semble moins aromatique que celle des autres eucalyptus. Les squatters ménagent cet arbre dans le défrichement de leurs *runs*, afin de l'utiliser comme dernière ressource, pour l'alimentation de leurs troupeaux, le jour où la sécheresse fait disparaître toutes les herbes qui garnissent le sol. A ce moment, les moutons se pressent autour de l'ouvrier qui abat les branches de l'*apple-tree* sous les coups redoublés de sa petite hache américaine. La feuille de cet arbre a la double propriété de nourrir et de désaltérer ; elle peut donc, dans les cas extrêmes, sauver des troupeaux entiers.

Le *box-tree* (*Eucalyptus hemifolia*) sert avec avantage à la couverture des maisons de sélecteurs et d'ouvriers, et fournit aussi d'excellents poteaux.

Tous ces eucalyptus forment des forêts sans ombre, sous lesquelles poussent de l'herbe et des buissons, particularité qui a fait donner par les Australiens le nom de *bush* à l'intérieur du pays, et le nom de *bushmen* à ceux qui l'habitent.

Entre Gunnedah et Narrabri, à part la ville de Bogabri et des relais de poste, on ne découvre d'autres habitations que celles des sélecteurs.

Plus loin, en se rapprochant de Gurley, les essences forestières augmentent de deux variétés : le *mayall* et le *tea-tree*.

Le *mayall* (*Acacia pendula*) ne dépasse guère, en grosseur, $0^m,20$ environ de diamètre. Son bois serait avantageusement utilisé par l'ébénisterie. Sa feuille, en temps de sécheresse, est employée, comme celle de l'*apple-tree*, à l'alimentation des troupeaux.

Le *tea-tree* (*Melaleuca linariifolia*), par sa seule présence, indique l'existence de l'eau à une faible profondeur. Il sert naturellement de guide au squatter dans le choix de l'endroit où il convient de creuser ses puits.

Quelques plantes de la famille des Mimosées, des Myrtacées, d'un gris clair, à fleurs blanches, d'autres plantes plus petites, des fougères semblables à la fougère commune que l'on trouve dans toute la France, complètent l'ensemble de la végétation forestière.

CHÈVRES D'ANGORA.

Outre les animaux appartenant aux espèces chevaline, bovine et ovine, j'ai vu à mi-chemin, entre Bogabri et Narrabri, un troupeau de chèvres d'Angora. Quelques-uns de ces jolis petits animaux se tenaient immobiles sur les sommets les plus élevés d'une montagne de grès très escarpée ; leur blancheur éclatante les faisait ressembler à des points lumineux se détachant faiblement sur le fond bleu clair du ciel. D'autres étaient disséminés parmi les rochers, semblables à des flocons de neige accrochés aux flancs abrupts de la montagne.

J'ai su, depuis, que ce troupeau prospérait, se multipliait rapidement et donnait de beaux profits à son propriétaire.

OISEAUX, QUADRUPÈDES, INSECTES.

La petite perruche verte commune (*small vulgar green parrot*) abonde dans le New-South-Wales, surtout dans le voisinage des habitations. A côté d'elle se montrent plusieurs autres variétés de perruches particulières à l'Australie, notamment la rosella (*Platycercus eximius*). Parmi les perroquets, on remarque : le grand cakatoès blanc (*Cacatua galerita*), le petit cakatoès blanc (*C. Ducorpsii*), le cakatoès à crête rouge (*C. sanguinea*), le cakatoès à crête jaune (*C. sulfurea*), et aussi d'autres noirs à queue et à crête rouges, des rosalbins (*C. roseicapilla*). Ces dernières variétés se voient à partir de quelques kilomètres de Gunnedah et se retrouvent encore bien au delà de Gurley, dans la direction nord.

L'oiseau-soldat, *soldier-bird* (*Myzantha garrula*), ainsi nommé à cause de son humeur batailleuse, la pie australienne, *magpie* (*Cracticus leucopterus*), le corbeau, la bergeronnette (*Rhipidura motacilloides*), et le *laughing-jakass* (*Dacelo gigantea*), sont partout en grand nombre. Ce dernier oiseau, dont le cri prolongé ressemble à un éclat de rire humain, se fait entendre au lever et au coucher du soleil. Il est curieux et examine le voyageur avec attention. Il pullule beaucoup et n'est inquiété nulle part. Il a la réputation de détruire les serpents, ce qui le préserve de fâcheuses rencontres. Voici, dit-on, comment il s'y prend : il saisit le reptile dans son bec, s'élève à une grande hauteur, le laisse tomber, se précipite sur lui et recommence le même manège jusqu'à ce que mort s'ensuive.

Les cailles sont très abondantes dans le Liverpool-Plains ; elles appartiennent à une variété plus petite et de couleur plus foncée que celle que l'on trouve communément en France ; c'est la caille de Chine (*Synoicus Chinensis*).

Le grand aigle blanc, *White breasted eagle* (*Haliastur leucosternus*), construit son aire sur les montagnes les plus hautes, d'où il domine le pays environnant. On le voit dans une vaste plaine qui s'étend entre Gurley et Narrabri.

On y aperçoit aussi des dindes sauvages (*Wild turkey*) et des casoars (*Dromaius novæ Hollandiæ*) ; ils sont sauvages et ne se laissent approcher qu'à la distance de 500 mètres environ.

Les oiseaux qui se tiennent le long des cours d'eau et dans les endroits marécageux sont, entre autres, le pélican australien (*Pelecanus conspicillatus*), le cygne noir, le canard sauvage (*Anas superciliosa*), l'ibis gris (*Geronticus spinicollis*) et la grue australienne (*Grus Australasianus*).

Autour des habitations, se montrent des hirondelles d'une variété très petite, les *Welcome swalows* (*Hirundo neoxena*) ; elles construisent leurs nids de préférence sous les vérandahs.

Les seuls quadrupèdes que j'aie vus sont : le kanguroo géant (*Macropus major*), le wallaby (*Halmaturus Pariji*), le walliroo (*Halmaturus Bernetti*), l'opossum gris (*Phalangista vulpino*) et le dingo (*Canis dingo*).

Le *wallaby* (*Halmaturus Pariji*) est un kanguroo d'une petite variété : assis, sa taille ne mesure guère que $0^m,80$; tandis que celle du grand kanguroo (*Macropus major*), vulgairement désigné sous le nom de vieil homme (*Old man*), s'élève communément à $1^m,50$.

Le *walliroo* est une variété intermédiaire dont le pelage est plus clair.

Tous sont considérés comme animaux nuisibles : ils se réunissent parfois par bandes de 200, dévorent les pâturages et boivent l'eau des abreuvoirs.

On leur fait une guerre acharnée : sur certaines stations on en détruit annuellement jusqu'à 15,000.

L'opossum gris, de la famille des Marsupiaux, est un rongeur de couleur fauve et de la grosseur d'un chat. Il habite d'ordinaire le tronc creux du blue-gum, dont la feuille est sa nourriture préférée. Il s'introduit aussi dans les lieux habités, loge dans les greniers et mange les fruits des jardins.

Le dingo ou chien sauvage d'Australie (*Canis dingo*) est un animal d'une grande voracité; il fait une guerre acharnée au mouton. Il le saigne à la jugulaire, boit son sang et dévore surtout ses intestins.

Les iguanes (*Hydrosaurus varius*) pullulent partout où il y a des bois; leur longueur varie de $0^m,40$ à 1 mètre environ.

Parmi les reptiles, nous devons encore signaler le *carpet-snake*, jolie couleuvre inoffensive, longue de 2 à 3 mètres. Le serpent noir (*Black snake*) et le serpent brun (*Brown snake*), reptiles très dangereux et qui, abondants dans les lieux humides, aux environs de Sydney, sont rares dans le Liverpool-Plains.

Les insectes les plus communs sont les fourmis et les mouches.

STATION DE GURLEY.

Ce voyage agricole a été fait en compagnie de M. Arthur Duboisée de Ricquebourg, mon parent et condisciple de Sainte-Barbe, que j'ai eu la bonne chance de revoir à Sydney, allié à la famille de M. Numa Joubert, l'une des plus considérées de la colonie.

Nous avons été reçus, à notre arrivée, par M. Jack Smith, le second fils du capitaine Smith, qui nous a fait les honneurs de la station avec la cordialité que lui connaissent ses nombreux amis. Nous avons eu, en outre, la bonne fortune de rencontrer un Français de naissance, M. Keene, fils du savant géologue anglais, mort il y a peu d'années et dont les travaux perpétueront la mémoire. M. Keene est le régisseur de Gurley. Sa demeure est à peu près au centre de la station, à proximité des bâtiments d'exploitation. Outre l'excellent accueil qu'il nous a fait, ainsi que Mme Keene, nous lui devons beaucoup de renseignements qui ont facilité nos études.

TRANSPORTS. ROUTES.

Si, dans tous les pays, la facilité des transports et leur prix de revient sont des considérations économiques de premier ordre, cette question acquiert encore plus d'importance, lorsqu'il s'agit d'établissements agricoles créés au milieu de contrées presque désertes, éloignées des marchés d'échanges, dépourvues de la plupart des ressources nécessaires à la vie, et à plus forte raison, de bons instruments de travail. Si la loi économique, qui vient d'être rappelée, est rigoureusement vraie en ce qui concerne spécialement les différents genres de stations australiennes, elle l'est surtout pour celles qui se livrent à la production des bêtes à laine. Dans ces exploitations, il faut non seulement se ravitailler à des marchés éloignés, mais encore y faire arriver les bêtes destinées à la vente, et, ce qui est coûteux, les laines, qui sont une denrée lourde et encombrante. On peut donc dire avec certitude que la prospérité ou la ruine d'une station dépendent de la facilité de ses transports.

Les communications, dans l'intérieur, se font par routes, par chemins de fer et par navigation fluviale.

Les routes sont de deux sortes : les *main-roads* ou routes principales et les *minor-roads* ou routes secondaires. Elles sont à la charge de l'État. Le département des routes (*department of roads*) fait exécuter les travaux et ouvrages d'art. Les autres voies, moins importantes, sont à la charge des comtés et confiées à des curateurs et autres autorités locales.

Enfin, il existe encore des chemins servant aux convois de bestiaux ; ils sont tracés sur un espace de 800 mètres de chaque côté de la route proprement dite. Ces chemins, qui sont engazonnés, ménagent les pieds des animaux et leur fournissent la nourriture pendant le voyage. Toutefois, le bétail ne doit pas y séjourner et les conducteurs sont tenus de lui faire parcourir, toutes les 24 heures, une distance de 16 kilomètres pour les bêtes à cornes et de 9^k,600 pour les bêtes à laine [1].

Ces chemins, de 1,600 mètres de largeur, portent le nom de *cattle-track* (routes à bétail). Leur largeur, qui devrait être de 1,600 mètres, n'a pas toujours cette dimension sur tout leur parcours, le Gouvernement ayant, dans bien des endroits, aliéné le sol avant leur établissement. La limite du cattle-track, dans ce cas, n'est indiquée que par les clôtures des propriétés voisines. Lorsque ces clôtures ne sont point posées, il suffit d'un orage ou d'une forte pluie pour faire disparaître les traces de la route. Les eaux pluviales, dans ces contrées, recouvrent fréquemment le sol; de sorte que le voyageur n'est jamais assuré de bien suivre son

---

1. Deux hommes conduisent d'ordinaire de 150 à 200 bêtes à cornes, ou de 1,500 à 2,000 bêtes à laine. Les frais de conduite varient essentiellement et font l'objet d'un marché entre les parties intéressées ; on paye de Gurley à Sydney 95 cent. par mouton.

chemin, et il est exposé à tomber dans des fondrières d'où il n'est pas toujours aisé de se retirer.

Nous ne devions pas tarder à en faire l'expérience. A notre retour de Gurley, entre Narrabri et Gunnedah, le temps, qui s'était annoncé très beau, changea tout à coup ; de fortes averses survinrent et tout le pays fut submergé. Il faisait nuit ; nous courions risque de verser : grande était notre émotion. Parmi les voyageurs se trouvaient deux *bushrangers* (voleurs de bétail) placés sous la garde de deux *policemen*. Notre conducteur, malgré ses nombreux voyages, ne se reconnaissait plus ni par la configuration du terrain, ni par la couleur de l'eau : il était complètement dévoyé et fort embarrassé de s'orienter. J'eus l'idée bien simple de l'engager à régler sa marche sur la Croix du Sud, qui indiquait la direction de Sydney. Ce conseil fut suivi, et en peu d'instants, nous pûmes retrouver la bonne route, au grand désappointement des deux bushrangers qui, peu séduits par la perspective d'un séjour à Sydney, avaient entrevu des chances d'évasion dans les incidents de notre dangereuse aventure, et s'étaient bien gardés de faire servir leurs connaissances topographiques au salut commun.

En quelques endroits, les routes sont entretenues et ferrées au moyen de cailloux cassés grossièrement et qui se tassent à la longue. Dans le Liverpool-Plains, lorsque de grandes pluies surviennent, le service du mail-coach royal, chargé du transport des voyageurs et de la poste, se fait par des bœufs. Dans ce cas, à la rapidité près, ils remplacent avantageusement les chevaux. En temps normal, les charrois sur ces routes se font indistinctement avec des chevaux ou des bœufs. Ce dernier moyen de transport tend à disparaître de jour en jour. Il était généralement pratiqué il y a quelques années et, lorsque les bœufs avaient charrié de la laine à Sydney, on y vendait les meilleurs de l'attelage ; les autres ramenaient les charrettes à la station, et leur retour était utilisé, autant que possible, pour le transport des objets et denrées nécessaires aux gens du bush.

En procédant par induction, si l'on cherchait à établir, sur le nombre de bœufs de travail dont dispose le New-South-Wales, la somme de travail que ces animaux peuvent fournir, on arriverait infailliblement à un résultat erroné par les raisons suivantes :

Les attelages se composent de 6 à 7 paires, autrement dit de 12 à 14 bœufs par chariots très forts et très lourds.

Lorsqu'il s'agit de transporter des laines, leur chargement, qui se compose de 7 à 8 balles, pesant chacune, en moyenne, 226^k,600,

soit ensemble de 1,586 à 1,813 kilogr., les alourdit d'autant. L'attelage, formé comme il vient d'être dit, suffit à traîner le chariot,
mais pas toujours à le retirer des mauvais pas ; tandis que lorsque
la route est bonne, un attelage plus faible de moitié est souvent
plus que suffisant pour emporter une charge de même poids. Autre
considération : il s'agit de faire arriver à Sydney, en aussi bon
état que possible, pour être bien vendus, un nombre déterminé de
bœufs de travail, tout en leur imposant un surcroît d'ouvrage, et
cela sans leur accorder le moindre supplément de nourriture. C'est
un problème dont la solution est contraire à l'utilisation même très
incomplète de la quantité de travail mécanique que peuvent fournir des moteurs animés.

Il ressort de là que si les conditions de viabilité étaient meilleures, on obtiendrait des bœufs une plus forte somme de travail
utile sans recourir à une spéculation qui en diminue nécessairement la quantité et dont les résultats ne peuvent se traduire qu'en
de très faibles bénéfices, comparés aux services qui seraient obtenus de ces animaux.

Les chevaux employés aux charrois des laines de l'intérieur
sont attelés en même nombre que les bœufs. Ils sont disposés
par paires ou attelés trois de front au moyen de volées de palonniers et de traits formés de chaînes de fer.

Les rouliers voyagent ordinairement de concert, afin de pouvoir
s'entr'aider à l'occasion ; de sorte qu'un seul homme peut conduire
un chariot attelé de 8 à 10 chevaux et chargé de 3 à 4 tonnes de
marchandises.

Lorsque les routes ne sont pas défoncées, 10 chevaux peuvent
traîner une charge de 15 à 20 balles de laine pesant 226^k,600
l'une, soit ensemble de 3,400 à 4,500 kilogr. Lorsqu'elles sont en
mauvais état, on augmente le nombre des chevaux, mais les difficultés sont alors proportionnellement plus considérables, les roues
pénétrant de plus en plus dans le sol qu'elles entaillent. Nous
avons vu entre Gunnedah et Bogabri un chariot embourbé sur la
route. Il portait 12 balles de laine, soit environ 2,800 kilogr.,
20 chevaux y étaient attelés, ils s'enfonçaient dans la boue jusqu'aux genoux et ne parvenaient à poursuivre leur chemin qu'au
prix d'efforts inouïs : à chaque instant l'un d'entre eux s'abattait,
et il fallait arrêter pour le relever.

10 chevaux étant attelés à un chariot chargé de 20 balles de
laine, soit de 4,500 kilogr., chaque cheval doit traîner 450 kilogr.
net. Il y parvient d'une manière satisfaisante, mais il ne faudrait
pas dépasser de beaucoup ce poids.

Si l'attelage est de 20 chevaux et de 12 balles pesant ensemble 2,800 kilogr., le poids dévolu à chaque cheval revient à 140 kilogr. Dans les mauvaises conditions où il se trouve souvent placé, cette charge, toute faible qu'elle paraisse, devient beaucoup trop forte pour lui.

Dans ce cas, il faut deux hommes par charrette.

On peut voir, par cet exposé, combien le prix des charrois est sujet à varier suivant l'état des routes. Ainsi de Tamworth à Gurley, sur un parcours de 177 kilomètres, le transport d'une tonne anglaise de farine (1,016 kil.) coûte 62 fr. 50 c., 68 fr. 75 c. et 75 fr.; soit pour une tonne française : 61 fr. 50 c., 67 fr. 67 c. et 73 fr. 82 c.; ou par kilomètre : 0 fr. 347, 0 fr. 382 et 0 fr. 417.

Le charroi des autres denrées, y compris la laine, est payé à raison de 73 fr. 82 c. à 86 fr. 12 c., soit 79 fr. 97 c. les 1,000 kilogr. de Gunnedah à Gurley, sur un parcours à peu près égal à celui de Tamworth à Gurley. La différence entre ces prix résulte de la supériorité d'une route sur l'autre.

La laine provenant de la station est transportée par le chemin de fer de Gunnedah à Newcastle, au prix de 76 fr. 86 c. les 1,000 kilogr. L'administration des chemins de fer [1] perçoit 0 fr. 0024 par kilomètre et par kilogramme de laine en balle n'excédant pas un poids de $203^k,188$. La distance qui sépare ces deux villes étant de 315 kilomètres, le transport de la balle de laine du poids réglementaire coûte donc 15 fr. 38 c. Mais lorsque le poids dépasse $203^k,188$, la balle est grevée d'un prix supplémentaire proportionnel établi sur le même tarif, et en outre, d'un droit de 15 p. 100 sur cet excédent.

Les balles de laine de Gurley pesant $226^k,600$ payent donc : un prix de transport pour $203^k,188$ de. . . . . $15^f 380$
un excédent de $23^k,412$. 1 772
et les 15 p. 100 de surtaxe 0 265

Total. . . . . . . $17^f 417$ [2]

De Newcastle, la laine est envoyée à Sydney par les bateaux à vapeur qui font la navigation entre ces deux ports. Parmi les compagnies établies en vue de ce trafic, l'*Australian steamer-navi-*

---

1. En New-South-Wales, les chemins de fer appartiennent à l'État qui, en vue d'attirer les étrangers, leur offre gracieusement des laissez-passer (*free-pass*).

2. Ce prix est conforme au tarif établi par le ministère des travaux publics, branche des chemins de fer, le 1er décembre 1879, approuvé par le gouverneur sur la proposition du Conseil exécutif, d'après l'acte du Parlement 22 Vict. n° 19, pour être mis en vigueur à dater du 1er janvier 1880.

gation Company (A. S. N. C°.) transporte les laines au fret de
31 fr. 87 c. la tonne anglaise, ce qui représente un prix de 31 fr. 55 c.
les 1,000 kilogr., ci. 31ʳ 55
Si nous ajoutons à cette dernière somme : le coût du
transport de Gunnedah à Newcastle 17 417
celui du charroi de Gurley à Gunnedah 79 97

nous trouvons un total de. 128ʳ 957
pour 1,000 kilogr. de laine expédiés de Gurley à Syduey.

De même que la navigation côtière, la navigation fluviale est
exploitée par l'initiative privée ou collective.

ORIGINE DE LA STATION.

La station de Gurley est d'origine récente. Quelques années
avant 1875, cette station était possédée indivisément par le capitaine Smith et M. Macansh. Mais à cette époque, ce dernier vendit
à son associé 8,000 hectares de terre à prendre dans sa propriété
au prix de 78 fr. 10 c. l'hectare, soit ensemble pour une somme
de. . . . . 624,800ʳ »
et, en 1876, le surplus qu'il s'était réservé mesu-
rant 37,099 hectares 20 ares, à raison de 62 fr. 25 c.
l'hectare, ce qui représentait, au total, un prix de . 2,309,425 20

soit pour les deux ventes. 2,934,225ʳ 20

Ce dernier prix était celui que l'État avait adopté pour ses propres
cessions de terre.

La station, au moment où le capitaine Smith en est devenu le
seul propriétaire, présentait, dans son ensemble, une superficie de
97,120 hectares 8 ares. Sur cette quantité, 12,000 hectares ont été
distraits. Situés dans la partie ouest de la propriété, sur la gauche
de la route conduisant de Narrabri à Moree, ils étaient d'une surveillance difficile et exigeaient une administration spéciale que ne
comportait pas leur étendue, faible relativement à l'ensemble dont
ils dépendaient. Ces terres ont été vendues 125,000 fr., ce qui met
le prix de l'hectare à 104 fr. 16 c.

En réalité, la contenance entière de la station s'est donc trouvée
réduite à 85,120 hectares 08 ares, sur lesquels, comme on

l'a vu, 45,099 hectares 20 ares ont été achetés pour le prix

de. 2,934,225ᶠ 20

En estimant à 62 fr. 25 c. l'hectare, les 40,025
hectares 12 ares formant le surplus des terres,
cette somme serait augmentée de 2,491,314 72

La valeur des terres de Gurley s'élèverait à. . . 5,425,539ᶠ 92

La jouissance de la station comprend, en outre de ce fonds, 60,000 hectares loués du Gouvernement. Le bail a été conclu au prix de 50 fr. les 256 hectares, conformément aux articles 12 et 37 de deux lois rendues en 1863 et 1875. L'hectare revient ainsi à 0 fr. 195 et la location entière à 11,716 fr. 50 c.

Les fermages sont évalués, selon la qualité des terres, par un employé du Gouvernement. En cas de désaccord entre les parties, l'administration nomme un expert et en informe le squatter qui, de son côté, s'il le juge convenable, peut aussi désigner un expert, afin que l'opération se fasse contradictoirement et avec l'équité voulue.

ACQUISITIONS DE TERRES. FORMALITÉS.

Les formalités pour acquérir les immeubles sont d'une simplicité extrême. Dans les transactions privées, les parties se rendent auprès de l'agent de la localité préposé aux ventes des terres de la Couronne et lui remettent le titre de propriété renfermant le plan dressé par les soins de l'administration lors du précédent achat et le relevé des inscriptions. En échange, l'agent délivre à l'acquéreur un titre pareil qui est expédié à Sydney au ministère des terres. Tous les lundis, les mutations de propriétés opérées pendant la semaine, sont transcrites sur un registre spécialement tenu.

Lorsque la vente doit être consentie par le Gouvernement, il faut, au préalable, adresser à l'agent des terres de la localité une demande dans la forme suivante :

« Monsieur,

« Je désire acheter à l'amiable, conformément à la loi rendue en 1861 sur l'aliénation des terres de la Couronne, la portion de terres vierges appartenant à la Couronne et décrite ci-dessous, contenant ...... acres ..... roads, et je vous remets ci-joint la somme de ...... livres, constituant un dépôt de ..... (si c'est un achat conditionnel ordinaire, le dépôt est de 5 shillings et, si c'est pour mines, il est de 10) par acre pour la surface que je demande.

« Je suis, Monsieur,

« Votre obéissant serviteur (your obedient). »

(Signature.)

(Adresse et désignation du bureau de poste le plus rapproché.)

L'agent adresse la demande, ainsi conçue, au ministère des terres ; il y met un avis en ces termes :

« District de..... Date.

« Application par (nom. Si l'acquéreur est mineur, on fait connaître son âge et la date de son dernier anniversaire ; si la personne est du sexe féminin, on déclare si elle est fille ou veuve) pour l'achat amiable de ... acres ... roads de terres vierges de la Couronne.

« Reçu par moi, avec dépôt de ... livres, ce jour de .... à ... heures. (Signature.)

« Agent pour la vente des terres de la Couronne à ... »

A ces pièces, est jointe une désignation de la propriété faite comme suit :

« Comté de ... commune de ... (nombre d'acres). » Désigner après : la rivière, le creek, la route sur lequel ou lesquels la terre est située, ainsi que la distance et la direction de la propriété la plus rapprochée, son étendue, son origine : dire si cette propriété a été concédée ou acquise, ou la distance et la direction du pont le plus rapproché, ou d'un confluent de creeks, de rivières, ou enfin d'autres points de repères fixes.

Les frais et droits fiscaux se résument dans le prix du titre, qui est invariablement fixé à une livre sterling (25 fr. 25 c.).

Les mineurs peuvent posséder à l'âge de seize ans ; les filles mineures et les veuves jouissent de la même faculté.

Lorsque l'État consent une cession de terre, à titre gratuit ou onéreux, il supprime les impôts ; mais il exige, dans le dernier cas, le paiement au comptant du quart du prix d'achat et celui des trois autres quarts restant dus, dans les trois mois suivants.

Le prix des terres est uniformément fixé à une livre l'acre, soit à 62 fr. 39 c. l'hectare.

SOL DE GURLEY.

Le sol de Gurley est de nature argileuse. Sa consistance est moyenne ; elle varie avec la proportion de l'argile et des matières organiques qu'il renferme. Il accuse partout une profondeur de plusieurs mètres. Cette énorme masse de terre, qui renferme les produits de la décomposition de nombreux végétaux est, avec la faible proportion d'argile qui s'y rencontre, comparativement aux autres terres du Liverpool-Plains, la cause qui favorise le plus l'assainissement du sol. Aussi, remarque-t-on que, pendant que ces dernières terres, à la suite de pluies abondantes, restent longtemps recouvertes d'une nappe d'eau, le sol de Gurley ne retient, dans ses couches superficielles, que la quantité d'humidité qu'il est susceptible d'absorber. Le surplus s'infiltre dans les profondeurs et profite plus tard aux plantes, soit que leurs racines aillent le chercher, soit qu'il remonte par la capillarité.

Ces propriétés physiques donnent au sol de Gurley une supériorité marquée sur celui du Liverpool-Plains, réputé avec raison, l'un des plus riches de New-South-Wales.

La couleur noirâtre des terres de Gurley en faciliterait l'échauffement si elles étaient exposées aux rayons solaires ; mais, par une propriété qui leur est inhérente, un épais tapis de végétation les recouvre constamment et les préserve ainsi de cet inconvénient.

Le sous-sol est placé très profondément. Il est peu connu. Quelques fragments de roches basaltiques se rencontrent sur les pics qui dominent la contrée. Mais on n'en saurait induire la nature de la couche minérale placée immédiatement au-dessous du sol.

CLIMAT.

Le climat de Gurley est soumis aux lois générales qui règlent celui du New-South-Wales ; cependant, le voisinage de montagnes élevées semble devoir procurer à la station un peu plus de fraîcheur et d'humidité que n'en a le reste de la contrée. Les pluies ne se répartissent pas très régulièrement par saisons ; elles arrivent surtout en février, s'arrêtent ensuite, lorsque l'année est normale, recommencent au milieu de mai, augmentent d'intensité en juin et juillet, diminuent et cessent en août.

La plus grande élévation de la température se produit en décembre et janvier : le thermomètre atteint alors jusqu'à 42°22 à l'ombre et au sud [1].

Pendant le second semestre de 1876 et les années 1877 et 1878, de fréquents orages ont déterminé à Gurley une pousse constante de pâturage, tandis que tout le pays environnant, soumis à des sécheresses prolongées, en était complètement privé.

PLANTES FOURRAGÈRES.

Les plantes qui résistent le mieux au fléau des sécheresses sont : le *kanguroo-grass,* le *blue-grass,* l'*emu-grass,* le *cotton-grass,* le *salt-bush,* le *mayall* et l'*apple-tree.*

Le *kanguroo-grass* semble s'accommoder de tous les sols ; mais son développement varie selon leur fécondité. Dans les grès arides des environs de Sydney, il atteint une longueur de 0^m,50 environ et son tallement est presque nul. A Gurley, il s'élève jusqu'à 3 mètres ; beaucoup de ses touffes ont 0^m,50 de diamètre, et même davantage. Lorsqu'il est jeune, il fournit une bonne nourriture aux bêtes à laine ; mais ensuite il durcit et ne peut plus servir d'aliments qu'aux bêtes à cornes. Dans cet état de végétation, son utilité se manifeste encore, et d'une autre manière, il procure l'ombre et la fraîcheur à des plantes dont les troupeaux se nourrissent.

Le *blue-grass* est une autre graminée d'un vert clair, à reflets bleu cendré ; c'est une herbe fine, dont le développement, quoique bien inférieur à celui de la précédente, puisqu'elle ne s'élève guère qu'à 70 centimètres, suffit néanmoins à revêtir le sol d'un pâturage abondant, et entièrement utilisable par les bêtes à laine, qui en sont très friandes.

L'*emu-grass* apporte aussi son contingent à l'alimentation des moutons.

Deux variétés de géraniums croissent, ainsi que la carotte sauvage, à l'ombre du kanguroo-grass. La partie foliacée de ces plantes constitue une très bonne nourriture pour les troupeaux.

Elles sont pourvues de longues racines qui pénètrent profondément dans le sol, à la recherche de l'humidité nécessaire à leur végétation. Lorsque, par suite des chaleurs prolongées de l'été,

---

1. C'est le maximum constaté au cours des années précédentes par M. Keene, dont les observations ne remontent point au delà.

leurs feuilles ont presque entièrement disparu, les bêtes à laine se nourrissent de leurs racines : elles les saisissent d'abord avec leurs lèvres et puis avec leurs mâchoires, et les attirent à elles avec précaution, en imprimant à leur tête un mouvement d'avant en arrière qui leur permet d'arracher la racine sans la couper avec les dents.

Le *cotton-bush* pousse, comme son nom l'indique, sous forme de buisson ; son diamètre est variable, et atteint parfois plusieurs mètres. Tant que ses pousses sont tendres, les moutons s'en nourrissent volontiers.

Le *salt-bush*, de la famille des Chénopodées, présente aussi l'apparence touffue d'un arbrisseau formant buisson. Sa petite feuille fortement découpée est d'un vert clair tirant sur le gris ; mâchée, elle laisse à la bouche un goût salé qui lui a valu le nom sous lequel elle est communément désignée. Elle convient surtout à l'alimentation des moutons. Le sel qu'elle renferme contribue à les maintenir en bonne santé, à rendre leur chair plus délicate et à augmenter la qualité de leur laine sous le rapport du nerf, mais quelquefois au détriment de la finesse, du lustre et surtout de la douceur. Ces inconvénients disparaissent entièrement au lavage industriel, lorsque cette opération est bien conduite.

Il existe de nombreuses variétés de *salt-bush* sur le continent australien ; dans le New-South-Wales, on en distingue surtout deux. L'une acquiert un diamètre moyen de 5 à 6 mètres et une hauteur au centre de 1 mètre ; sa feuille mucronée peut avoir jusqu'à $0^m,04$ de longueur sur une largeur de $0^m,025$; elle est épaisse et offre intérieurement l'apparence sirupeuse de la joubarbe et en général des plantes grasses. L'autre variété n'est qu'une réduction de celle que nous venons de décrire.

Toutes les plantes énumérées précédemment résistent admirablement à la sécheresse ; on les a vues se maintenir en vie après être restées trois ans sans recevoir une goutte de pluie.

Comme dernière ressource en temps de sécheresse, on a le *mayall* (*Acacia pendula*) et l'*apple-tree* (*Eucalyptus Stuartiana*), dont il a été parlé précédemment ; mais pour végéter avec force, ces arbres exigent une terre riche.

On trouve aussi dans le Liverpool-Plains une plante connue sous le nom de *wild-melon* (melon sauvage). Sa tige est rameuse, très longue et volubile ; elle n'acquiert pas plus de $0^m,005$ de diamètre ; des vrilles partant de l'aisselle des feuilles permettent à la plante de se soutenir indépendamment de la tige. La feuille ressemble beaucoup à celle de la coloquinte, mais elle est plus petite et plus profondément découpée. Le fruit est ovoïde, de la grosseur et de la couleur d'une belle prune de reine-Claude encore verte; il porte un court pédoncule à l'une de ses extrémités.

Le *wild-melon* abonde surtout pendant les années humides; il ne résiste pas aux fortes sécheresses. On le considère comme très nourrissant, en vertu sans doute de la grande quantité de graines que renferme son fruit.

Les bêtes à laine sont très avides de cette plante; elle est savoureuse et les rafraîchit.

Généralement, en Australie, la pousse de l'herbe est plus active en hiver qu'en été; les aptitudes des diverses espèces végétales y étant fort heureusement variées. C'est pourquoi dans certaines conditions de climat et de sol, lorsque les pâturages se composent de plantes appartenant à des variétés bien appropriées aux milieux où elles vivent, ils peuvent fournir durant toute l'année, et sans interruption, une nourriture abondante et de bonne qualité, pendant qu'ailleurs la production de l'herbe est intermittante et que sa valeur nutritive est bien inférieure.

Gurley est, sous ce rapport, dans les meilleures conditions. Les plantes citées plus haut garnissent son sol pendant les mois les plus chauds; et l'*American-grass* (*Bromus uniloides*), le *Barley-grass*, le *trefoil*, petite luzerne semblable au *Medicago maculata*, le *Liverpool-grass*, le *purple-vine*, entre autres végétaux, apparaissent en hiver et fournissent un très bon pâturage.

Le trèfle de montagnes (*mountain's clover*) survient à la fin de l'hiver et constitue, avec le *trefoil*, qui ne disparaît qu'aux premières chaleurs de l'été, une nourriture substantielle et rafraîchissante fort appréciée par les bêtes à laine. Le trèfle de montagnes, toutefois, est considéré comme nuisible. Il détériore la qualité des toisons par la forme et la structure de ses siliques: contournées en spirales, elles sont garnies de crochets qui s'enchevêtrent dans la laine et les y font adhérer fortement, ce qui augmente les difficultés du nettoyage et la quantité des déchets qui en résultent.

Le *Bathurst-burr*[1] est aussi regardé, et avec raison, comme une plante nuisible: sa graine, de forme ovoïde, est, comme celle du trèfle de montagnes, hérissée de piquants terminés par des crochets. Cette graine pénètre dans la toison et la souille, mais, par sa forme qui rend son extraction de la laine moins difficile, elle cause en réalité moins de tort que le trèfle de montagnes. Les bêtes à laine

---

1. Cette plante tire son nom de Bathurst, ville aux environs de laquelle elle se serait montrée d'abord, pour se répandre ensuite dans tout le New-South-Wales; elle passe pour avoir été, comme la variété de chardon dont il a été question plus haut, importée de l'Amérique par les chevaux venus de la Plata.

ne recherchent pas le *Bathurst-burr* et ne le consomment pas volontiers. A Gurley comme ailleurs, il n'est que trop répandu ; il envahit le sol et prend la place des bonnes herbes. On fait le possible pour le détruire par le fauchage, mais on ne réussit qu'à en diminuer le nombre.

CLÔTURES. PRIX.

Les 85,120 hectares constituant le territoire de la station de Gurley sont entourés de clôtures et forment un immense parc divisé en 48 paddocks, dont le plus grand est de 8,000 hectares (20,000 acres); et le moindre, de 238 hectares (640 acres). La longueur totale des clôtures est de 498 kilom. 88 (310 milles).

L'établissement de clôtures sur un tel parcours entraîne l'immobilisation d'un gros capital, mais les avantages qui en résultent compensent largement ce débours. La propriété est mieux indiquée, plus respectée, et l'exploitant, rassuré, utilise son sol sans avoir à le défendre contre l'ingérance de voisins envieux ou d'envahisseurs nouveaux venus dans la contrée. Une autre considération, mais d'un ordre plus spécialement économique, explique cet emploi stérile d'un capital important en clôtures coûteuses à la fois par elles-mêmes et par leur entretien. En remontant un peu dans le passé, on en constate l'évidente utilité.

Dans les premiers temps de l'élève du mouton en Australie, la main-d'œuvre était rare, à un prix excessif et très variable. Les intérêts agricoles en étaient souvent compromis. Il suffisait de l'annonce de la découverte d'un gisement aurifère pour provoquer, sur de vastes contrées, la désertion générale des ouvriers ruraux ; la fièvre de l'or convertissait les bergers en *diggers*. Cet état de choses, incompatible avec les intérêts d'un système de culture entièrement pastoral, ne pouvait pas durer et, du jour où le mal a été vivement senti, le propriétaire du sol s'est aperçu que le remède était tout auprès. Les bergers, comme les autres artisans, abandonnaient les troupeaux ; il fallait, dès lors, s'arranger de manière à restreindre tellement son personnel qu'il pût toujours en recruter selon les besoins de sa station. Le bois ne manquait pas, des arbres furent abattus, débités et convertis en clôtures : le bon marché s'ajoutait aux raisons qui invitaient à les établir.

De nos jours, la situation agricole est toute changée : la population est moins clairsemée ; le pays est plus cultivé sur de vastes étendues ; le bois est devenu plus rare, partant, d'une exploitation plus difficile. Aussi, ne fait-on usage de palissades de bois que dans des conditions sortant de l'ordinaire.

Sur la station de Gurley, le mode de clôtures varie suivant leur affectation. Les unes sont destinées à contenir du bétail de toute espèce indistinctement : bêtes à cornes, chevaux, moutons ; les autres, à renfermer seulement les moutons.

Dans le premier cas (*fig.* I), les clôtures exigent plus de solidité. Elles sont établies au moyen de pieux distants les uns des autres de 2^m,743 (9 pieds) et d'une hauteur de 1^m,219 (4 pieds) ; le premier pieu est rond et d'un diamètre de 0^m,30 ; les autres, moins forts, sont équarris sur les quatre faces et présentent une section rectangulaire de 0^m,30 sur 0^m,10. A la partie supérieure du premier pieu, une mortaise est pratiquée pour recevoir l'extrémité d'une traverse de bois dont l'autre extrémité repose sur une mortaise semblable pratiquée dans toute l'épaisseur du deuxième pieu, de manière à permettre d'y placer une deuxième traverse et ainsi de suite.

La portion comprise entre les traverses et le sol est garnie de cinq fils de fer. La première rangée est distante du sol de 0^m,127 ; la seconde est séparée de la première par un intervalle de 0^m,14 ; la troisième de la seconde, également par 0^m,14 ; la quatrième de la troisième, par 0^m,152 ; et, enfin, la cinquième de la quatrième, par 0^m,203.

Entre la partie inférieure de la traverse de bois et le cinquième fil de fer, l'écartement est aussi de 0^m,203.

Les traverses ont une largeur de 0^m,14 à 0^m,15. La distance entre l'extrémité supérieure des pieux et la partie supérieure des mortaises est de 0^m,10 à 0^m,11.

Les traverses supérieures peuvent être remplacées par un fil de fer des numéros 6 ou 8.

Le système de clôture décrit précédemment revient à 1,325 fr. par mille, soit à 947 fr. par kilomètre. Il est d'un entretien très minime. Les rognures des fils de fer y sont employées et servent aux raccords. Dans les premiers temps de la pose, les fils de fer sont sujets à se rompre ; le froid les brise aussi quelquefois. Mais ces dégâts sont vite réparés et le coût en est insignifiant. Un homme de la station, dit cavalier de limites (*boundary rider*), est chargé de ce travail. Il consacre les trois quarts de sa journée à la surveillance de la station et des clôtures sur une étendue de 40 à 48 kilomètres environ et l'autre quart au soin des moutons. En réalité, durant les quinze premières années de l'établissement des clôtures, leur entretien est presque nul et ne consiste guère que dans le salaire du surveillant ; plus tard, il nécessite en plus des achats de

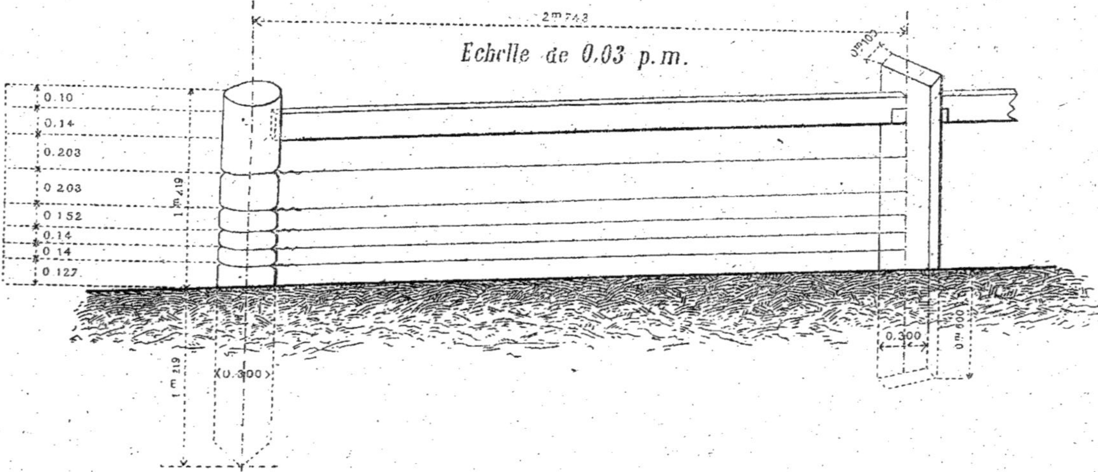

Fig. 1. — Clôture pour tout bétail.

fils de fer. Le surveillant reçoit annuellement 60 livres sterling (1,500 fr.), auxquelles s'ajoutent 5 fr. 77 c. de vivres donnés en nature toutes les semaines, soit 300 fr. 04 c. par an ; ce qui porte son salaire à 1,800 fr. 04 c.

En retranchant, de cette somme, le quart imputable aux soins des moutons, soit 450 fr., il est évident que, dans les conditions actuelles, le coût exact de l'entretien des clôtures ne peut excéder de beaucoup le chiffre de 1,350 fr. ; ce qui est bien peu.

Les bois employés à la confection des poteaux et des traverses sont le *Red box Eucalyptus* (*E. polyanthemos*) et l'*iron-bark Eucalyptus* (*E. leucoxylon*). Le pin convient aussi à cet usage ; mais il s'enflamme facilement et augmente les risques d'incendie.

Les clôtures disposées uniquement pour renfermer les moutons n'exigent point la même solidité que celles consacrées à l'élevage en liberté du gros bétail. Les premières (*fig.* II) sont plus légères ; à Gurley, elles sont établies sur les indications suivantes :

Un fort poteau rond de $2^m,12$ est enfoncé en terre de moitié de sa longueur, soit de $1^m,06$. Il est consolidé au moyen d'une barre d'appui et encoché aux endroits où doivent être fixées les attaches de fil de fer. A $5^m,48$, sont placés, se suivant à la même distance, d'autres poteaux plus faibles, d'une hauteur de $1^m,66$ et enfoncés en terre à $0^m,60$. Pour donner à la clôture une résistance qu'elle n'aurait pas sur un parcours prolongé, on a soin d'employer, pour tous les treizièmes poteaux, des bois de mêmes dimensions que celles du premier.

L'écartement entre les fils de fer est maintenu par de petites barres de bois légères, d'une largeur de 0,08 environ sur 0,03 à 0,04 d'épaisseur, qui effleurent le sol sans y pénétrer, suspendues qu'elles sont par des fils de fer qui les traversent. Deux de ces barres sont placées dans l'intervalle de $5^m,48$ qui sépare les poteaux. Cette distance se trouve ainsi séparée en trois parties égales et les quatre points d'appui des fils de fer fixés à $1^m,829$ les uns des autres.

Aussitôt la mise en place des poteaux, l'ouvrier pose les fils de fer sur cinq rangées et les attache solidement par chaque extrémité aux parties supérieures des premier et treizième poteaux, autour desquels il les enroule plusieurs fois aux endroits encochés ; après, il les coupe. Les fils sont alors fixés. Cela fait, il les passe au travers de la première et de la deuxième barre d'écartement et il continue de la même manière sur les poteaux et les barres d'écartement placés à la suite. Pour achever le travail, l'ouvrier n'a plus qu'à bien tendre les fils. Il se sert à cette fin d'un outil très

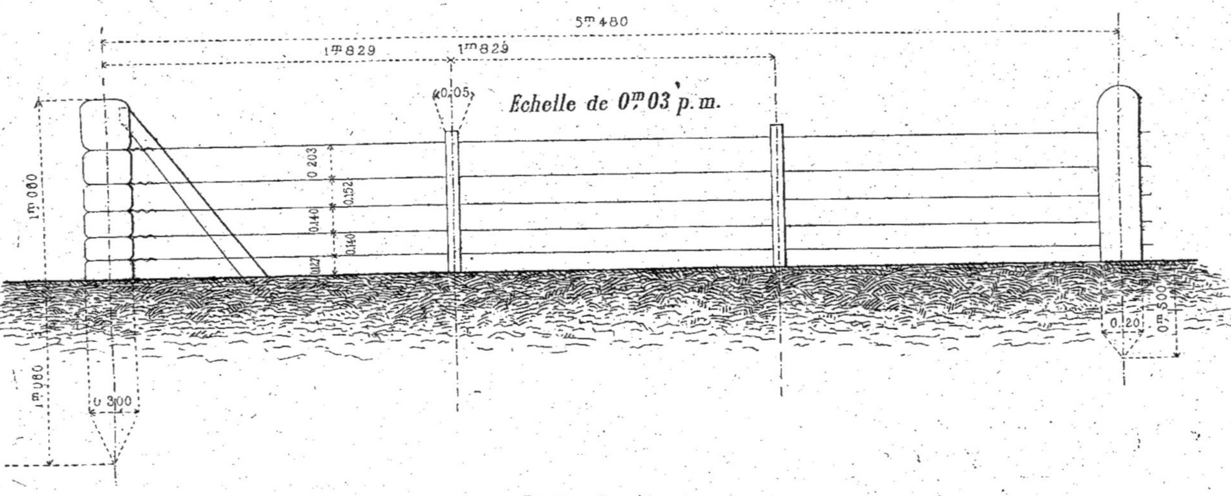

Fig. II. — Parc à moutons.

simple qui lui permet de déployer, sans fatigues, la force exigée. Cet outil consiste en une petite fourche de bois dont le manche est traversé par un trou destiné à recevoir l'extrémité du fil à tendre. L'ouvrier saisit chacune des branches de la fourche, enroule le fil autour du manche en prenant pour point d'appui le premier poteau. Lorsque le fil a acquis le degré de tension voulu, il suffit, pour le maintenir à demeure, d'introduire un fort clou dans le trou par lequel il traverse le poteau. Ce clou agit comme un coin. On replie alors l'extrémité libre du fil deux fois autour du poteau, plusieurs fois sur la partie tendue et on le coupe. L'opération est alors terminée pour le fil supérieur. Elle est la même pour les quatre autres. On la renouvelle pour les poteaux 13, 14, 15, jusqu'à 26 ; c'est-à-dire par fractions de 13 poteaux, jusqu'à l'achèvement de la clôture.

L'espacement entre les cinq fils est réglé de la manière suivante :

Le plus élevé est à $0^m,762$ au-dessus du sol ; il est à $0^m,203$ du deuxième ;

Le 2e fil est à $0^m,152$ au-dessus du 3e,	soit à $0^m,559$ du sol.
Le 3e — à 0 ,14 —	du 4e, soit à 0 ,407 —
Le 4e — à 0 ,14 —	du 5e, soit à 0 ,267 —
Le 5e — à 0 ,127 —	0 ,127 —

Lorsque le terrain est en forte pente, on ajoute une rangée de fils supplémentaires.

Le fil n° 10 est assez fort pour les moutons. Une clôture d'un mille ($1,609^m,314^{mm}$) exige, pour les cinq rangées, $598^k,502$ de fil, soit $0^k,371$ par mètre ou 371 kilogr. par kilomètre et coûte 566 fr. 50 c. les 1,000 kilogr. ; ce qui met le prix du kilomètre à 210 fr. 17 c.

En additionnant les prix du fil de fer, de la main-d'œuvre et du bois, la clôture revient à 1,125 fr. par $1,609^m,314$; autrement dit, à 699 fr. par kilomètre. Dans ce total, le fil de fer qui, de prime rbord, semble devoir être considéré comme l'objet le plus coûteux, n'entre que pour 210 fr. 17 c., comme on l'a vu ; la différence de 489 fr. représente la valeur du bois, du transport et de la main-d'œuvre. Mais le prix de 1,125 fr., vrai à une époque, a beaucoup varié, selon les cours des matériaux et de la main-d'œuvre.

La station de Gurley a encore adopté un autre genre de clôture dont le but est d'établir une séparation entre ses terres et celles qui sont occupées par les sélecteurs, ses voisins (*fig.* III). Cette clôture,

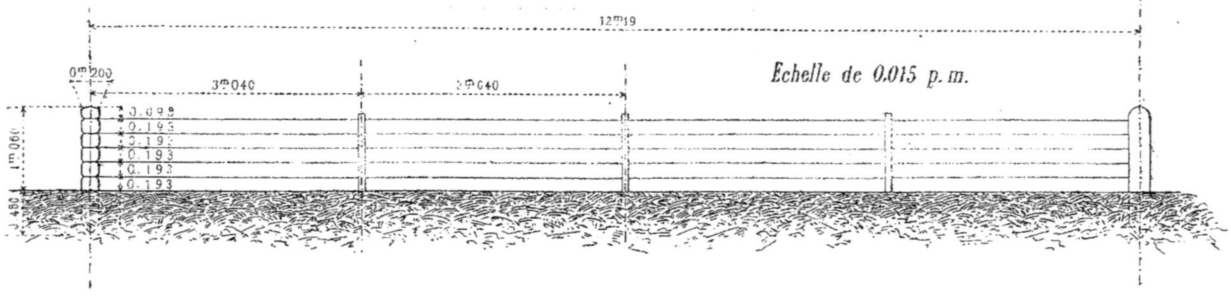

Fig. III. — Clôture contre les sélecteurs.

comme la précédente, est formée de cinq rangées de fil de fer, supportées par des poteaux de même hauteur, mais placés à $12^m,19$ les uns des autres. Trois barres d'écartement maintiennent les fils et partagent cet intervalle en quatre parties de $3^m,040$ chacune. Certaines de ces clôtures sont munies de quatre barres d'écartement, mais c'est trop, trois suffisent. Dans beaucoup de stations dont les pratiques diffèrent de celles de Gurley, on ne leur demande que très peu de solidité, afin que les sélecteurs ou leurs animaux puissent facilement les renverser. Il en résulte des procès continuels entre propriétaires et sélecteurs, procès toujours ruineux pour ces derniers.

Enfin, un dernier mode de clôture a été établi à Gurley. Il tend à protéger les pâturages contre la voracité des *wallabys*. Comme les lapins dans beaucoup de localités de la France, ces rongeurs pullulent près des *scrubs*[1] et exercent les mêmes ravages. Les clôtures destinées à en garantir les parcours peuvent être formées de planches juxtaposées, mais il faut alors qu'elles aient une hauteur de $1^m,50$; moins élevées, elles n'arrêtent pas le wallaby, qui les franchit facilement. Il n'en est pas de même du treillage en fil de fer ; comme il voit au travers, il se rend compte de l'obstacle et ne tente même pas de s'élancer par-dessus. Ses efforts se bornent à chercher un passage à travers les mailles.

Ce treillage spécial est établi selon les indications ci-après (*fig.* IV) : des poteaux ronds de $1^m,83$ de longueur sont enfoncés dans le sol à une profondeur de $0^m,60$ et placés à la suite les uns des autres à une distance de $5^m,03$. Dans la partie supérieure, à la hauteur de $1^m,06$, ils sont reliés par un brin de fil de fer. Le treillage dont on se sert est large de $0^m,764$ ou mieux de $0^m,91$. Ses mailles sont de $0^m,051$. Pour le placer, l'ouvrier le met d'abord à plat sur le sol, la partie devant être à rez de terre, contiguë à la rangée de poteaux. Il raidit les fils de fer dont les bords du treillage sont garnis et qui seront dans la partie supérieure quand le redressement aura eu lieu. Il applique le treillage, après l'avoir relevé, contre les poteaux, fixe le fil supérieur, tend le fil inférieur, l'attache également et assujettit le tout aux poteaux au moyen de clous ronds à deux pointes. Le treillage, ainsi mis en place, est fixé aux pieux par des liens de fil de fer également distants les uns des autres.

Cette clôture est vite faite. Elle revient à 1,056 fr. 35 c. par kilomètre.

Toutes les clôtures de la station représentent une longueur de

1. Montagnes couvertes de bois et de fourrés impénétrables.

Fig. IV.

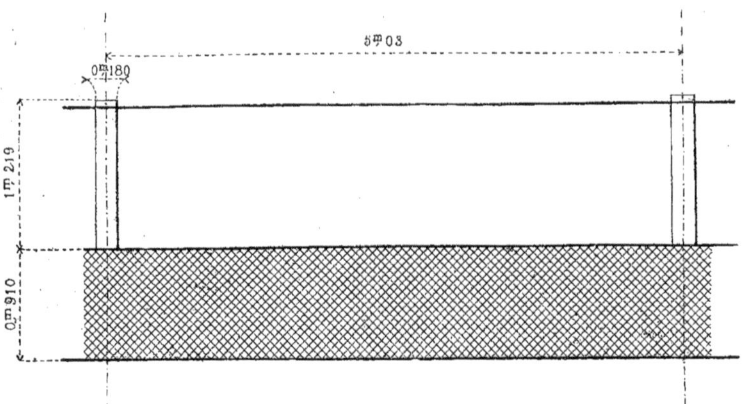

Clôture contre les wallabys (avant la pose du treillage).

Échelle de 0,02 p. m.

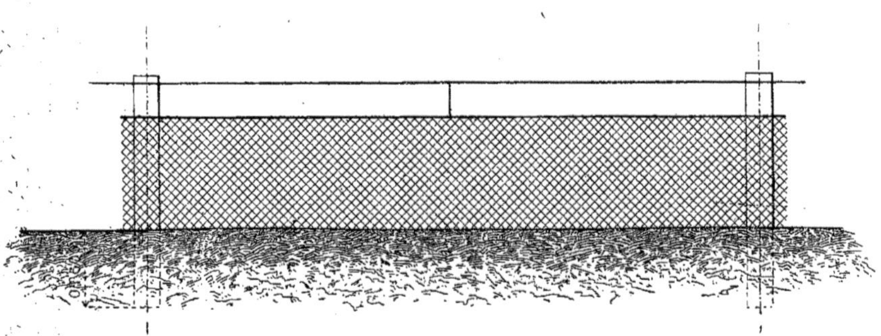

Clôture contre les wallabys (après la pose du treillage).

1,206 kilomètres et reviennent à 1,087 fr. 63 c. le kilomètre ; soit, en mesure du pays, à 1,750 fr. le mille ou les 1,609^m,35. Ce débours est important et se chiffre, au total, par 1,312,500 fr. L'utilité d'une pareille mise-dehors est reconnue par tous les hommes pratiques.

YARDS.

Les clôtures ont les yards pour compléments. Les yards sont destinées à recevoir les bêtes à cornes ou les chevaux lorsqu'on veut s'en rendre maître. Les *stockmen* (bouviers) ou les *horsemen* (gardiens de chevaux) les cernent et les y poussent. Ce sont des enclos divisés en compartiments. Le premier est le plus vaste ; il sert d'entrée ; les autres sont plus étroits, ils se suivent, se commandent et se rétrécissent à mesure qu'on avance. Quelques-uns de ces compartiments sont pourvus de stalles ou forment, par places, des angles rentrants.

Les yards (*fig.* V) sont construites en forts poteaux de bois, ronds aux entrées et aux endroits où se présentent des angles. Les autres poteaux ont la forme du parallélogramme rectangulaire.

Ces bois sont profondément enterrés et s'élèvent de 1^m,523 à 2^m,133 au-dessus du sol, selon la solidité recherchée, la yard pouvant être affectée à recevoir des animaux sauvages ou domestiques. Les bois, ainsi consolidés, sont placés à 2^m,741 les uns des autres ; des madriers, larges de 0^m,152, les relient. Ces dernières pièces sont séparées par des intervalles qui varient de 0^m,229 à 0^m,279. Il en résulte que, lorsque la hauteur de la yard atteint 2^m,132, il faut cinq rangées de madriers, et quatre seulement lorsqu'elle ne dépasse pas 1^m,523. Dans le premier cas, la pièce la plus rapprochée du sol en est distante de 0^m,254 ; dans le second cas, cet espace est moindre, et l'écartement des madriers entre eux se réduit à 0^m,229. Ceux de la partie supérieure sont posés sur des encochures pratiquées sur les poteaux. Les autres sont maintenus en place, encastrés, par les deux bouts, dans des mortaises.

La construction d'une yard exige deux ouvriers. Ils sont payés à raison de 15 fr. par mesure de 5^m,029, lorsqu'il s'agit de la yard de 2^m,132 de hauteur ; le mètre courant revient ainsi à 2^f,982 et le mètre superficiel à 1^f,398.

Pour déterminer le prix de la yard de 1^m,523, il suffit de rechercher le nombre de mètres superficiels qu'elle contient par

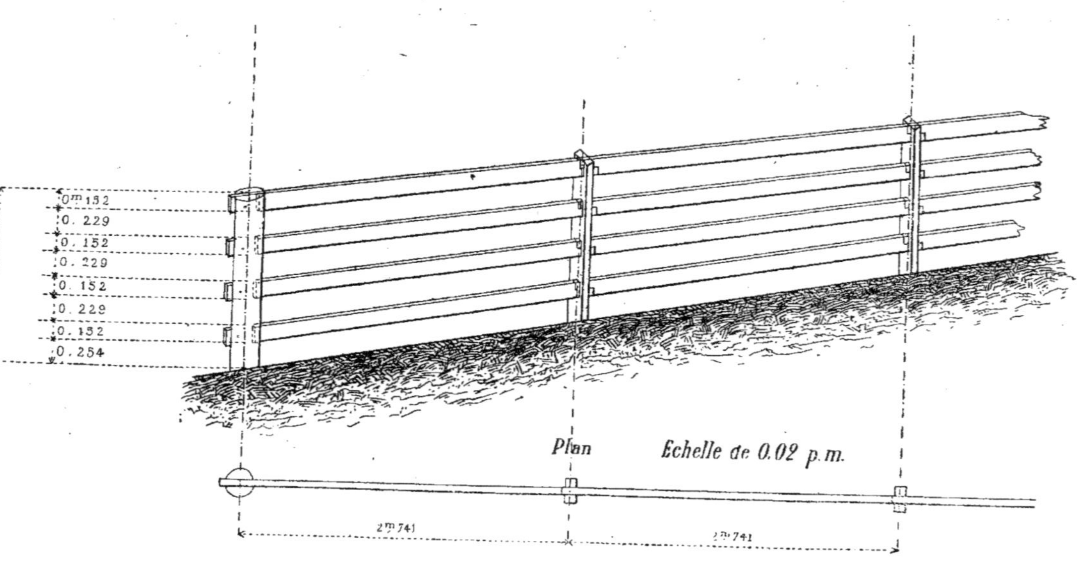

Fig. V. — Yard pour bétail domestique.

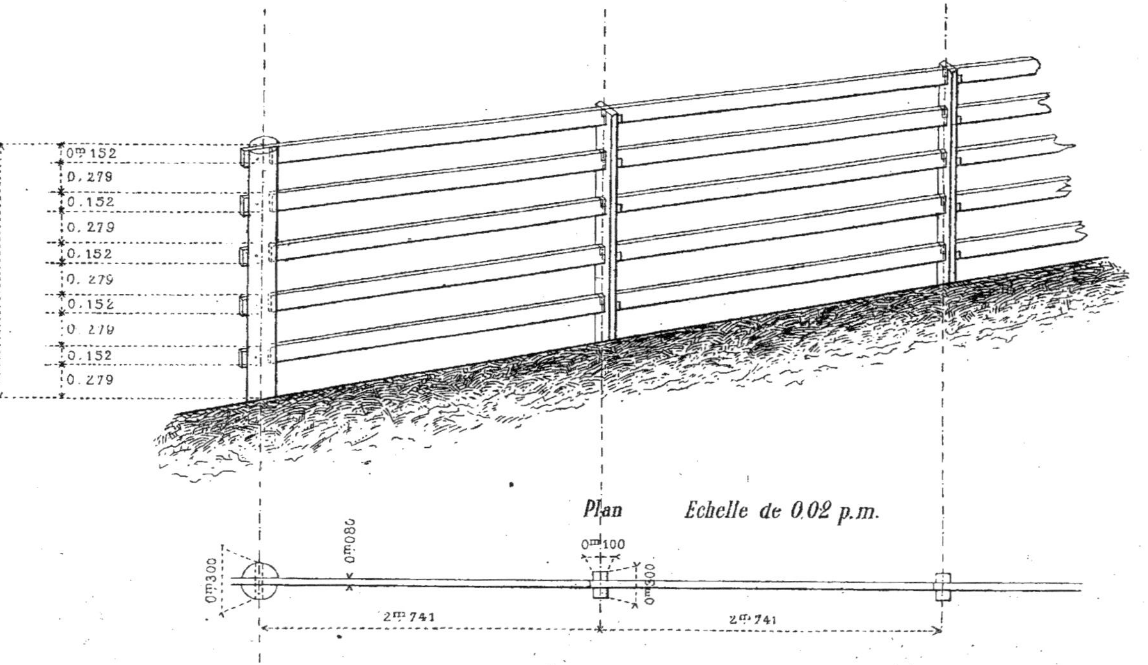

Fig. V bis. — Yard pour bétail sauvage.

100 mètres de longueur et de multiplier le chiffre obtenu par
1ᶠ,398. A ce calcul, ce prix revient à 212 fr. 91 c., soit à 2ᶠ,529
le mètre courant.

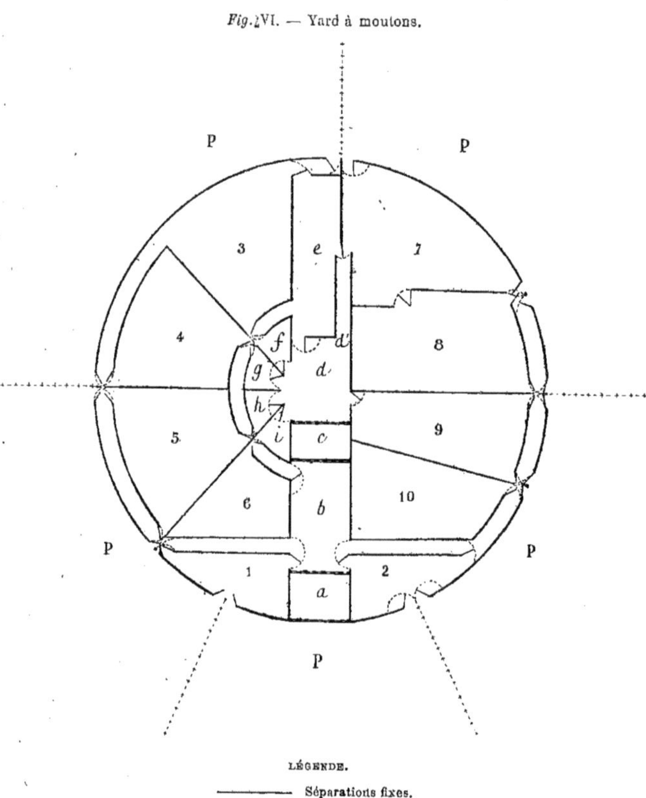

Fig. LVI. — Yard à moutons.

LÉGENDE.

—————— Séparations fixes.
▬▬▬▬ Claies mobiles.
- - - - - - - Développement des portes.
+ − + − + − Limites de parcs.

La yard à moutons est à 1 kilomètre environ des bâtiments de
l'exploitation. Elle est de la plus grande commodité pour toutes les
opérations du triage de ces animaux. Cette yard affecte, dans son
ensemble, une forme circulaire. Elle comprend dix-neuf compartiments de dimensions différentes et pouvant être mis en commu-

nication les uns avec les autres. La figure ci-contre en donne une idée exacte.

Les nᵒˢ 1, 2, 8, 9 et 10 sont des parcs d'attente. Les animaux qui s'y trouvent passent successivement en *a*, *b*, *c*, et, lorsqu'ils arrivent en *d*, on en fait le triage. Le couloir *d'* sert à séparer les agneaux de leurs mères. On les force à y pénétrer et, comme l'espace est resserré, ils ne peuvent avancer qu'un à un. Ce couloir conduit dans les parcs *e* et 7 ; à son extrémité, est placé un homme qui tient une porte mobile. Il ouvre ou ferme, à l'animal qui se présente, l'accès de l'un ou de l'autre compartiment. Lorsque les deux sont pleins, on fait entrer les moutons, qui y sont dans un parc contigu, puis dans ceux qui se succèdent, jusqu'à ce qu'ils soient assez nombreux pour être emmenés.

Les petits compartiments *f*, *g*, *h*, *i* servent aussi au triage ; il se fait en *d*, comme on l'a vu précédemment. Les moutons sont dirigés en *f*, *g*, *h*, *i* ; puis introduits dans les nᵒˢ 3, 4, 5, 6. Il suffit, pour cela, de tenir ouverte la porte du petit compartiment que l'on veut vider et celle du grand compartiment qu'il s'agit de remplir. Ces deux portes sont de la largeur du couloir ; il s'ensuit que le passage est intercepté lorsqu'elles sont ouvertes. Cette disposition présente l'avantage, au cas de mélange, de rendre facile le dernier triage en le restreignant à un petit nombre d'animaux.

Les compartiments *a*, *b*, *c*, *d* sont pourvus d'un plancher à claires-voies. Dans les trois premiers, les bêtes sont toujours serrées les unes contre les autres et, comme il en passe beaucoup, quelquefois pendant plusieurs jours de suite, cette installation maintient la propreté. Le compartiment *d*, à raison de son affectation au triage, est la seule partie qui soit couverte. Ceux qui sont représentés par *f*, *g*, *h*, *i* forment une demi-circonférence dont le centre est sur un des côtés de *d*. Ils se terminent en pointe et ont chacun une porte qui, en s'ouvrant, peut fermer entièrement la pièce voisine.

De même, à l'extrémité de chacune de ces pièces, deux portes semblables sont placées en face l'une de l'autre et donnent accès dans les enclos nᵒˢ 3, 4, 5, 6. En ouvrant ces portes et celles des pièces *f*, *g*, *h*, *i*, qui font suite, le passage demi-circulaire, qui les sépare, se trouve barré en travers et une nouvelle issue se forme. Les animaux, sans s'écarter, peuvent alors passer d'un compartiment dans celui qui le touche.

Les stock-yards et la yard à moutons ont coûté 150,000 fr.

ABREUVOIRS, CREEKS, BARRAGES.

Dans un pays où des saisons et souvent même des années se passent sans une goutte de pluie, la question des abreuvoirs est d'une importance capitale pour toutes les stations, sans en excepter celles dont le climat est heureusement modifié par le voisinage des montagnes. Gurley, on le sait, profite de cet avantage. On n'y voit aucune rivière proprement dite, mais seulement des creeks dont le cours, fréquemment interrompu, disparaît et se poursuit sous terre. Les creeks se dessèchent ou fournissent un volume d'eau plus ou moins considérable, selon la rareté ou l'abondance des pluies. Ceux de Gurley ne tarissent jamais, et écoulent constamment dans les paddocks assez d'eau pour les besoins des animaux qui y sont renfermés.

Parfois, il est nécessaire de pratiquer des barrages dans ces crecks, de modifier la pente de leurs berges, et même de les convertir en abreuvoirs. A Gurley, l'utilité de travaux de ce genre ne s'est pas fait sentir : il n'en existe aucun. Dans les stations où des barrages ont été établis, leur confection laisse beaucoup à désirer. Ils sont formés de pieux solidement enfoncés et présentant un angle de 45° dans le sens opposé au courant. Ce système est vicieux. Ses inconvénients, qui se révèlent d'eux-mêmes, seraient évités par une disposition diamétralement différente. La mauvaise qualité des bois employés ajoute encore à la défectuosité de l'ouvrage. Ces bois durent peu au contact de l'eau. Il serait plus sensé de profiter des dépressions de terrain pour y construire des réservoirs sur le modèle suivant :

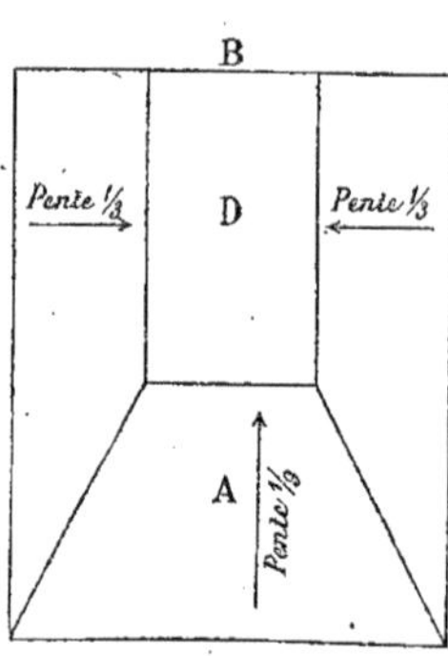

Fig. VII. — Abreuvoir.

Le canal A, servant de canal d'amenée, a une largeur indéterminée et une pente de 1/9. Au point B, on installe un barrage ou une vanne, en vue de ménager l'eau. S'il y a nécessité, on dispose le talus sur une inclinaison de 1/3, afin de faciliter aux animaux l'accès de l'eau.

La profondeur est indiquée par D ; elle est variable. Les autres dimensions sont réglées sur le relief du terrain.

Le nombre d'animaux auxquels un abreuvoir peut suffire ne peut pas être fixé *à priori*. C'est l'expérience seule qui sert de règle à cet égard.

PUITS A MANÈGE.

Mais les stations ne sont pas toujours traversées par des creeks. De grandes étendues de terrains seraient perdues pour l'élevage, si l'on ne se procurait par de bons puits à manège l'eau nécessaire à leur mise en valeur. A l'époque de l'acquisition de Gurley par le capitaine Smith, la station n'était pourvue que de huit puits d'une profondeur moyenne de 15^m,23. C'était suffisant, elle n'entretenait, en été, que 15,000 moutons ; le surplus était conduit sur une station voisine. Une somme de 375,000 fr. fut employée aux forages de trois autres puits. Maintenant, il en existe onze. Les abreuvoirs, qu'ils contribuent à alimenter, sont répartis dans les différents paddocks de manière que le trajet, pour s'y rendre, ne cause aucune fatigue aux animaux. Un autre avantage, bien appréciable, ressort encore de cette disposition : c'est de permettre d'utiliser toute l'herbe qui croît dans les paddocks. Cette herbe dessécherait et serait souvent perdue, sans le voisinage des abreuvoirs, la limite des forces du mouton ne l'invitant pas à s'en écarter au delà d'une certaine distance.

La profondeur à laquelle on trouve l'eau dépasse rarement 39 mètres ; la moyenne de cette profondeur est de 13^m,50. Chaque puits suffit à l'entretien de 10,000 moutons. Un homme et un cheval font tout l'ouvrage. La quantité d'eau obtenue par heure atteint jusqu'à 11,358 hectol. 75 cent.

La construction des manèges est peu compliquée :

Un bâti, soutenu par quatre fortes pièces de bois, reçoit une roue servant de poulie, sur le pourtour de laquelle deux gorges circulaires sont pratiquées. L'essieu de cette roue est placé au milieu du puits.

D'autre part, deux fortes pièces de bois, enfoncées verticalement dans le sol, soutiennent un solide madrier qui supporte l'axe du manège. Il est muni de deux pivots placés, l'un à la partie supérieure, l'autre à la partie opposée. A 2 mètres au-dessus du sol, cet axe est fortement relié à un tambour creux formé de lattes clouées sur deux cercles de bois. De la partie inférieure de la cage de ce tambour partent d'autres lattes semblables aux premières et disposées obliquement de bas en haut. Elles forment un rebord qui arrête la corde du puits auprès du tambour sur lequel elle est enroulée. Le bras de levier du manège est fixé dans son axe; il affleure sa partie inférieure et se termine par un arceau vertical où les traits du cheval sont attachés.

Le bâti, servant de cadre au manège, est relié au madrier placé au-dessus du puits par deux fortes solives qui consolident l'ensemble. Elles soutiennent deux montants réunis, dans la partie inférieure, à un troisième et garnis de deux poulies sur lesquelles glisse la corde du puits, lorsque le manège est en marche. Cette corde est enroulée deux fois autour du tambour. Elle est maintenue à la hauteur voulue par deux petites poulies placées dans le cadre du bâti. Elle passe ensuite sur la roue qui se trouve au-dessus du puits; à chacune de ses extrémités est attaché un seau dont l'agencement des différentes parties mérite d'être connu.

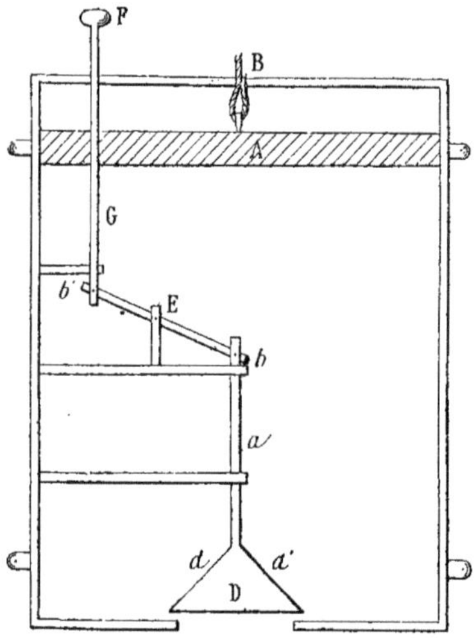

Fig. VIII. — Seau.

Ce seau, d'une capacité de cinquante litres, est en fer; il affecte une forme cylindrique. Une forte traverse A, posée diamétralement dans la partie supérieure, reçoit la corde B. Une ouverture circulaire, faite au fond, sert à remplir ou à vider le seau. Lorsqu'il descend dans le puits, la pression de l'eau soulève le tronc de cône D, qui remplit l'office de clapet ; la tige *a* qui relie D au levier E s'élève, ainsi que la partie *b*, pendant que l'autre extrémité *b* s'abaisse en imprimant le même mouvement à la tige G terminée par le pommeau F.

Une fois le seau rempli, le poids de l'eau agit sur les parois *d, d'* du clapet, l'abaisse et ferme l'orifice C. Lorsqu'il est à la hauteur voulue, l'extrémité F de la tige G étant arrêtée par un obstacle tel qu'une traverse de bois, l'extrémité *b* du levier *bb'* s'abaisse, soulevant par le même mouvement le clapet D. Le seau se vide ainsi automatiquement par le jeu de ses pièces, inverse de celui qui l'avait rempli.

La traction se prolongeant par B, pendant que le seau est arrêté en F, communique à l'ensemble un léger mouvement de bascule. Le liquide, en s'échappant par C, décrit alors une parabole dont la trajectoire, quoique peu tendue, l'écarte, cependant, de la verticale d'une manière sensible.

Si le mouvement ascensionnel du seau s'opérait verticalem'ent, l'eau retomberait en partie dans le puits. Pour obvier à cet inconvénient, il faudrait placer une conduite sous l'orifice du seau. Mais on simplifie avec avantage ce mécanisme, sans toutefois obtenir un résultat complètement satisfaisant, en imprimant au seau une inclinaison prononcée, et en le guidant au moyen de deux fils de fer qui traversent quatre anneaux fixés à ses côtés et opposés diamétralement.

L'eau, à la sortie des seaux, tombe dans un réservoir d'où elle est dirigée vers les abreuvoirs. Un seul puits peut suffire à la consommation de trois et même quatre paddocks, s'il est placé à leurs points de jonction.

Le cheval ne peut, avec ce système de manège, tourner constamment dans le même sens. Le conducteur est obligé, à toutes les demi-circonférences qu'il parcourt, de le ramener sur ses pas.

Les améliorations qui viennent d'être signalées dans l'aménagement des eaux ont eu pour résultat immédiat un accroissement notable des troupeaux et l'élévation de leur chiffre à 132,000 têtes.

VÉGÉTATION ARBUSTIVE ; SES EFFETS SUR LES PATURAGES.

La végétation arbustive acquiert en maints endroits un développement qui se produit toujours au détriment du pâturage. Les

herbes qu'elle ombrage tendent à s'allonger pour chercher l'air et
la lumière, et ne trouvent, au milieu du réseau formé par les radicelles des arbres, qu'une nourriture insuffisante à leur développement normal. L'imperfection avec laquelle s'accomplissent les phé-
nomènes physiologiques chez ces herbes en fait un aliment de peu
de valeur. Leur accroissement en longueur affaiblit leurs forces :
elles sont grêles, étiolées, aqueuses, sans saveur et d'un faible
rendement. Les animaux ne les recherchent pas.

DÉBOISEMENT.

On procède au déboisement en pratiquant, autour des arbres,
avec une hache, à une hauteur de $0^m,80$ environ, une incision an-
nulaire de $0^m,10$ de largeur, et en enlevant l'écorce. Pour que cette
entaille produise de l'effet, il faut qu'elle attaque légèrement le
bois. Deux mois après, les feuilles se flétrissent, se fanent et tom-
bent, l'arbre meurt. Ce procédé s'applique surtout à l'eucalyptus,
l'essence dominante dans les forêts. L'arbre résiste longtemps, et
ne périt ordinairement que deux ans après cette mutilation ; on
voit alors pousser sur toute la surface qu'appauvrissaient ses racines, une herbe semblable à celle du voisinage, et que les animaux consomment volontiers. Parfois, pour se débarrasser plus
vite des arbres, on les brûle, mais ordinairement on laisse au temps
le soin d'accomplir son œuvre de destruction.

EFFETS DU DÉBOISEMENT : SÉCHERESSES, INONDATIONS.

Dans cette contrée, comme dans beaucoup d'autres, l'expérience
a établi que le déboisement modifie le climat et rend les pluies
moins fréquentes par suite de la diminution des surfaces réfrigé-
rantes. C'est la cause principale des sécheresses. Les inondations,
qui sont le phénomène inverse, résultent aussi, parfois, du déboisement, lorsqu'il s'est étendu sur de vastes superficies.

La fonction physiologique la plus importante de l'arbre, du moins
en ce qu'elle touche aux reboisements et aux défrichements, est de
rechercher l'humidité nécessaire à son existence ; conséquemment,
d'absorber, par ses nombreuses radicelles, les eaux tombées et de
les évaporer ensuite par ses feuilles. Or, le déboisement, diminuant
la vaste surface d'imbibition qu'offrait toute la partie aérienne des

arbres, favorise un rapide écoulement des eaux et détermine ainsi des inondations.

En Australie, spécialement, le ruissellement des eaux pluviales à la surface du sol pourrait encore être accru en maints endroits, autant par sa dessiccation ordinaire que par le tassement résultant du piétinement des troupeaux.

Une opinion différente a été émise par le savant M. Keene au sujet de la pénétration des eaux dans le sol, après les défrichements. Cette opinion, fortifiée par l'observation et une longue expérience, consacrerait, en fait, que, lorsqu'un arbre meurt, la décomposition de ses racines, toujours très lente, n'affecte pas toutes ses parties simultanément. La périphérie serait d'abord atteinte et chaque racine resterait entourée d'un petit canal circulaire par lequel l'eau pourrait encore s'infiltrer dans le sol. Si l'exactitude de cette assertion se vérifiait, elle diminuerait l'action attribuée au déboisement, lorsqu'on en fait une des principales causes immédiates des inondations.

HERBAGES, CÉRÉALES, LUZERNE.

Les herbages de la station de Gurley sont de différentes natures, aussi s'efforce-t-on de les utiliser suivant leurs propriétés. Ceux qui sont consacrés à l'élevage sont moins riches que ceux réservés à l'engraissement. Les premiers sont situés dans des parties de la plaine formant cuvette ; le sol y est plus argileux et d'une couleur plus claire que dans les autres herbages ; il est aussi plus exposé au crevassement. L'herbe qui y domine consiste en avoine sauvage, en *blue-grass* et en *kanguroo-grass*. Les pâturages à engraissement, au contraire, sont situés sur des versants de montagnes, sur des coteaux à pente douce : la terre y est plus noire que celle des pâturages à élevage, elle est plus riche et moins compacte. Les plantes qui y prospèrent sont : les géraniums, l'*emue-grass*, la carotte sauvage, le trèfle de montagne, la luzerne sauvage.

On ne fait que très peu de jardinage à Gurley et la culture n'y a qu'une place très restreinte. Les céréales cultivées sont le blé et l'avoine. On les sème à la volée, au mois de mai, sur un labour superficiel à un cheval. Lorsque ces cultures sont faites sur un défrichement d'herbage, le sol reçoit un labour moyen à deux bœufs. Les céréales sont coupées à la faux vers le commencement de novembre et fanées ; le tout, paille et grain, sert de supplément de nourriture aux chevaux de peu de valeur, auxquels on accorde le moins de soin. La luzerne, lorsqu'elle est semée seule sur un labour de $0^m,15$ environ, produit sept et huit coupes dans les bonnes années. Chaque coupe est de 5,075 kilogr. à l'hectare, ce qui fait de 35,525 à 40,600 kilogr. à l'hectare. Quand l'année est mauvaise, la luzerne n'est fauchée que trois ou quatre fois; son rendement se réduit à $2,537^k,5$ à chaque coupe et n'est plus que de $7,612^k,5$ à 10,150 kilogr. à l'hectare.

ASSURANCES.

Dans toutes les situations où l'on se trouve placé, se prémunir contre les risques d'incendies par les précautions propres à se préserver contre de pareils désastres est d'une importance capitale. Cette mesure de prévoyance, sage en tout pays, l'est bien davantage dans les pays chauds où, en été, les bois, qui constituent les seuls matériaux de construction, se dessèchent et, par les matières essentiellement inflammables qu'ils contiennent, augmentent les chances de destruction et rendent les secours souvent inefficaces. Toutes les valeurs de la station exposées à des risques sont assurées par des compagnies anglaises représentées dans le New-South-Wales, dont le *Liverpool and London and Globe Insurance C°* est une des plus importantes. Les primes varient suivant la nature des risques; les chiffres suivants en représentent assez exactement les taux.

Bâtiments.	Désignation des constructions.	Pour 1,000 francs.
Hangar à laine.	En bois, couvert en bardeaux, y compris une plate-forme couverte en écorce	10^f » c
Hangar à laine et presse à laine.	En bois, toit couvert partie en bardeaux, partie en fer.	10 »
Hangar à laine.	En bois dur, toit en écorce et isolé	12 50
Hangar à laine.	En bois dur, toit en fer et isolé	8 75
Maison d'habitation.	En bois tendre, couverte en bardeaux et isolée.	10 »
Id.	En bois dur, couverte en bardeaux et isolée	7 50
Id.	En briques, couverte en bardeaux et isolée.	2 25
Poulailler.	En bois dur, couvert en bardeaux et isolé.	5 »

Bâtiments.	Désignation des constructions.	Pour 1,000 francs.
Écurie	En bois dur, couvert en bardeaux et isolée.	7 50
Id. . . . . '. .	En briques, couverte en bardeaux et isolée.	5 25
Id.	En briques, couverte en fer et isolée .	3 25
Magasin à fourrages. . .	En bois dur, couvert en bardeaux et isolé	10 »
Hangar à traire les vaches.	En bois dur, couvert en bardeaux et isolé	5 »
Remise	En bois dur, toit en fer et isolée. . .	7 50
Cabanes.	Même taux que pour les maisons d'habitation.	

Les bâtiments sont assurés séparément. Leur situation et les objets qu'ils contiennent doivent être déclarés. Les compagnies ne consentent d'assurances qu'aux gens d'une honorabilité connue ; elles exigent les renseignements suivants :

Nature de l'industrie exercée dans les bâtiments ;

Noms et qualités de celui qui contracte l'assurance. Dire s'il est fermier ou propriétaire ;

Si les bâtiments sont éclairés au moyen d'huiles minérales ou s'ils en renferment ;

Déclarer la nature des matériaux qui ont servi aux constructions, leur hauteur et le nombre d'étages dont elles se composent ;

Si elles sont en bois, dire si c'est du bois dur ou tendre ;

Indiquer la nature des matériaux employés à leurs couvertures ; si elles sont en bardeaux, dire s'ils sont faits avec du bois dur ou tendre, et de combien le toit dépasse les murs ;

On doit aussi faire connaître : la situation des cheminées, les matériaux qui ont servi à leur construction, leur hauteur et s'il existe dans leur voisinage des couvertures en bardeau ou en écorce ;

La hauteur des plafonds et les matériaux dont ils sont faits ;

Et, à l'égard des murs de séparation, s'ils sont couverts de tapisserie ou de toile et, au cas où ils seraient revêtus d'une toile, si cette dernière supporte un papier ;

Si les bâtiments sont attenants les uns aux autres ou s'ils sont séparés ;

Désigner chaque construction, l'industrie que l'on y exerce, les bâtiments voisins et la distance qui les sépare, au cas où ils seraient détachés ;

Dire si les bâtiments sont séparés par des murs de refend et s'ils s'élèvent au-dessus du toit ;

Si des chaudières en cuivre ou en fer sont scellées aux murs et s'il existe des tuyaux de fer ou de métal pour la conduite de la fumée ou de la chaleur ;

Désigner les sources et les cours d'eau situés à proximité et les facilités dont on dispose pour s'en servir en cas d'incendie ;

Dire la distance qui sépare les bâtiments du *bush*, des *scrubs* ou des arbres sur pied ;

Indiquer la valeur de la propriété à assurer et donner tous autres renseignements de nature à guider les directeurs dans leur estimation des risques.

Dans le cas où la compagnie n'aurait pas d'agent à proximité, le demandeur devrait fournir un plan portant indication de la distance qui sépare les bâtiments les uns des autres.

Les récoltes sur pied, les meules de foin et de paille sont assurées, mais au taux très élevé de 25 à 40 fr. p. 1,000.

La Compagnie de *Liverpool and London and Globe Insurance* n'accepte plus l'assurance de ces derniers articles, par cette considération que, quand l'année est humide, ils sont pour ainsi dire sans valeur et les incendies peu à craindre ; tandis qu'au contraire, lorsque l'année est sèche, la valeur de ces denrées augmente et le nombre des sinistres suit une marche parallèle.

Le montant du prix de l'assurance est de 25,000 fr. pour tous les bâtiments de Gurley. Le propriétaire estime que c'est 50 cent. p. 100 de leur valeur.

Le hangar à laine forme l'objet d'une assurance spéciale ; il est estimé 50,000 fr. et assuré moyennant une prime de 375 fr., soit à 75 cent. p. 100 de sa valeur.

La laine est assurée à une compagnie qui la couvre contre les sinistres de toute nature.

Le risque court du moment où le mouton est tondu et cesse au lieu de destination, qui est Londres. L'estimation de la laine est faite à la station. La prime d'assurance est de 1 fr. 65 c. pour 100 fr. Les risques maritimes de Newcastle à Sydney figurent dans cette somme pour 15 cent.

CONSTRUCTIONS, BATIMENTS DE FERME.

Les constructions de Gurley sont proportionnées aux besoins de l'exploitation ; toutes sont d'une utilité évidente, bien propre à justifier la vérité de ce principe, qu'en agriculture les bâtiments, représentant un capital improductif, doivent être en rapport avec les stricts besoins de l'exploitation et ne pas les excéder. La pierre étant rare à Gurley, les bâtiments sont en bois. Leurs couvertures sont en tôle galvanisée ou en bardeau.

Dans les constructions agrestes, on emploie l'écorce du *box-tree* (*Eucalyptus hemifolia*). Elle est posée à plat sur la charpente et fixée par des chevilles de bois.

La maison d'habitation du propriétaire est simple, mais confortable ; elle a coûté 15,000 fr. Elle est recouverte en tôle. Celle du manager est pareille ; afin de faciliter le service, elle a été construite dans le voisinage des bâtiments d'exploitation.

De tous ces bâtiments, le hangar à laine est le plus important par ses dimensions et par le but qu'il réalise. C'est là que les troupeaux portent le tribut de leur toison; c'est là qu'elle est reçue, classée, mise en balles, pesée, marquée, emmagasinée ou livrée de suite au commerce. Ce hangar et ses dépendances ont coûté 50,000 fr. La laine y est déposée dans des compartiments séparés ; les autres parties sont occupées par la boucherie, les bureaux de caisse et de comptabilité, un débit de denrées et d'objets nécessaires aux employés. Les étoffes et les vêtements qu'ils s'y procurent sont de bonne qualité et d'un luxe relatif, suffisant pour adoucir leur rude existence.

Un peu à l'écart de ce vaste bâtiment, s'élèvent un abattoir et deux yards, l'une destinée aux bêtes à cornes, l'autre aux chevaux que les employés y renferment tous les matins pour les besoins du service.

MATÉRIEL.

Les stations à moutons n'exigent, pour fonctionner, que des moyens de transport et, accessoirement, quelques instruments de culture, en très petit nombre. Or, on l'a déjà vu, la majeure partie des transports s'effectuent à l'entreprise ; chaque producteur de laines cherchant, par les moyens les plus rapides, à faire arriver sa denrée en primeur sur le marché de Londres, ne peut être efficacement aidé que par des intermédiaires se livrant habituellement à l'industrie des transports. Leur intervention, au surplus, est indispensable : Gurley, faisant très peu de culture et de charrois, ne possède qu'un faible matériel. En voici le détail et la valeur :

Une carriole.	250 fr.
Six charrettes de 750 fr. l'une	4,500
Soixante harnais à chevaux de 70 fr. l'un .	4,200
Soixante harnais à bœufs de 13 fr. l'un . .	780
Machines, instruments et outils	5,000
Total	14,730 fr.

EMPLOYÉS.

L'instruction est développée chez tous les employés de la station. Douze d'entre eux appartiennent à de bonnes familles et ont reçu une éducation soignée. Plusieurs sont musiciens ; l'un d'eux est bon dessinateur et travaille pour un journal illustré de Sydney (le *Punch*). Tous préfèrent à l'existence de la ville celle plus rude, mais en même temps plus libre, qu'ils mènent dans le bush. Les dépenses y sont très limitées : un cheval coûte peu et dure longtemps, l'habillement est de peu de valeur et ne consiste qu'en effets de fatigue ; les autres besoins sont insignifiants. Avec des ressources modiques, ces jeunes gens vivent selon leurs goûts, achètent des livres, s'abonnent aux journaux et font des économies.

OUVRIERS.

La main-d'œuvre est assez abondante pour n'être jamais un sujet de préoccupation. Les ouvriers habitent des maisons éparses, situées parfois à une grande distance de l'endroit où ils travaillent ; ils savent à quelle époque on aura besoin d'eux et viennent d'eux-mêmes s'offrir. Lorsque l'ouvrage manque sur la station qui les emploie d'ordinaire, ils y trouvent toujours à boire et à manger ; ils lâchent leurs chevaux dans un paddock et dorment sous un abri quelconque. Le lendemain, ils reprennent leurs montures et vont offrir leurs services ailleurs, voyageant ainsi de station en station.

La plupart de ces ouvriers sont sélecteurs. Ils fabriquent des clôtures, les entretiennent et connaissent tous les travaux du bush. Leur salaire est de 3 fr. 75 c. par jour et ils sont nourris ; le coût de leur nourriture étant de 96 cent., la journée revient à 4 fr. 71 c. Ils font la moisson dans le New-England et vont ensuite vers l'Ouest chercher du travail dans les districts pastoraux de Gwydir et de Liverpool-Plains.

La proportion des tondeurs, par rapport au nombre total des ouvriers, est de 25 p. 100. Ils reçoivent, pour ce genre d'ouvrage, un salaire proportionné au nombre de bêtes tondues dans la journée. Le règlement s'établit à raison de 4 fr. 687 pour 20 têtes, soit de 0 fr. 234 l'une. La moyenne de la tonte est de 60 moutons par homme, ce qui porte à 14 fr. 04 c. le prix de sa journée, mais il se nourrit.

ANIMAUX DE TRAVAIL.

Les animaux de travail consistent en bœufs et en chevaux. Les bœufs, de race Durham, sont au nombre de 18 ou 20 ; ils sont nés, pour la plupart, sur la station. A l'âge de 3 ou 4 ans, ils sont attelés au joug anglais. On en met de 8 à 14 par charrette. Ils pèsent, en moyenne, $317^k,38$; engraissés, ils donnent de 450 à 500 kilogr. de viande.

Les chevaux de la station sont au nombre de 100 : quelques-uns sont affectés au trait, 50 au service des commissions, du transport des rations, des employés, 5 à l'usage du manager, 4 à celui du propriétaire et, enfin, 10 ou 12 aux manèges des puits. Ces chevaux ne sont pas élevés à Gurley, on trouve plus avantageux de les acheter ; à 3 ou 4 ans, ils valent, en moyenne, 200 fr. tout dressés. A ce prix, il est préférable de les choisir à son gré, sans avoir eu à supporter les frais et les risques de la production ni le coût du dressage, qui revient à 25 fr. Les chevaux de charrette sont attelés sur volées de palonniers, au nombre de 4, 6 et 8. Chaque cheval de service vaut 300 fr. et fournit ordinairement douze années de travail. Leur carrière terminée, ils sont abattus, saupoudrés de strychnine et rendent, pour dernier service, celui d'empoisonner les dingos.

Une machine à vapeur de 60 chevaux vient en aide aux moteurs animés et sert à l'occasion à scier du bois.

Les animaux de rente se composent de bêtes à cornes, de moutons et de porcs.

Le nombre des bêtes à cornes s'élève à 200 têtes ; leurs produits consistent en lait, beurre et bœufs de travail. Les vaches donnent environ 240 kilogr. de viande nette.

Indépendamment de ces animaux, la station entretient encore 60 vaches pour les besoins de son personnel : 7 ou 8 pourvoient aux besoins du propriétaire, 20 fournissent du lait aux employés ; le surplus est réparti entre les oversircs et les bergers ; chacun d'eux en a, pour son usage, deux ou trois qui pâturent autour de sa cabane.

PERSONNEL, FRAIS, PERTES.

La station compte 30 bergers, dont les cabanes sont disséminées sur ses points principaux, selon les exigences du service et de la surveillance. Trois bergers-chefs ou oversires ont chacun 9 bergers sous leurs ordres et en répondent. Ils se pourvoient, à leurs frais, des chevaux qui leur sont nécessaires. Les salaires qui leur sont attribués suffisent, au surplus, pour les récupérer de cette charge. Ces salaires varient.

Pour l'oversire, ils consistent en un traitement fixe de 2,500 fr. par an et en deux rations, par semaine, pour son ménage.

Ces rations sont composées de la manière suivante :

Farine	7^k,254	valant	0^f427	le kilo, soit	3^f10^c
Mouton	13 ,600	—	0 441	—	6 20
Thé	0 ,226	—	3 307	—	0 74
Sucre	1 ,812	—	0 827	—	1 50
				Total	11^f54^c

Les simples bergers reçoivent annuellement un traitement de 1,500 fr. et, par semaine, une ration assortie comme celle de l'oversire ; ce qui se traduit en une somme de moitié moindre, soit de 5 fr. 77 c.

Les logements des bergers ont coûté 15,000 fr.

Le personnel à l'année comprend :

	Traitement.	Rations.	Totaux.
Le manager	$14,000^f$	$6,000^f$ » ^{c}	$20,000^f$ » ^{c}
3 oversires	7,500	1,800 24	9,300 24
27 bergers	40,500	8,101 28	48,601 28
1 teneur de livres, garde-magasin .	2,000	300 04	2,300 04
1 distributeur de rations	1,300	300 04	1,600 04
1 charpentier	1,750	300 04	2,050 04
1 forgeron	2,000	300 04	2,300 04
1 sellier	750	300 04	1,050 04
1 boucher	1,300	300 04	1,600 04
1 postillon	650	300 04	950 04
1 aide de cour	1,300	300 04	1,600 04
1 ouvrier employé à puiser de l'eau .	1,300	300 04	1,600 04
2 ouvriers affectés à la réparation des clôtures ; ensemble	2,600	600 08	3,200 08
Totaux	$76,950^f$	$19,201^f96^c$	$96,151^f96^c$

On voit, par cet aperçu, combien les professions sont variées dans la composition du personnel d'une station.

Le total des dépenses fixes occasionnées par ces employés s'élève à 96,151 fr. 96 c. Le rapport des salaires aux frais est de 80.03 p. 100, et celui des rations aux frais de 19.97 p. 100.

La station emploie, en outre, 30 ouvriers à couper les burrs pendant les mois de février, mars, avril et mai ; chacun d'eux reçoit, par semaine, 18 fr. 75 c. et une ration valant 5 fr. 77 c., ensemble 24 fr. 52 c., et pour les 30 ouvriers, 11,769 fr. 60 c.

En cinq ans, les pertes sur les troupeaux ont été de 3.50 p. 100. En 1878, elles ont été de 5 p. 100 ; et, en 1879, de 4 p. 100 ; soit, pour la moyenne de ces deux années, de 4.50 p. 100.

Ces pertes comprennent 600 moutons volés, morts par accidents ou tués par les dingos.

MOUTONS.

Originairement, le troupeau était de race mérinos. Par suite d'une clause de la vente consentie par M. Macansh au capitaine Smith, une forte portion en a été attribuée au vendeur, et la station n'en a conservé que 3,000 têtes environ. Sans cette stipulation, ces animaux, qui étaient immobilisés, seraient devenus la propriété de l'acquéreur.

Cette souche a été croisée avec la race Lincoln, dans la pensée d'obtenir des animaux plus forts, une toison plus lourde et un brin plus allongé. A ces avantages s'ajoutait celui de les rendre, au moment venu, d'une défaite meilleure et plus facile. La qualité supérieure des pâturages de Gurley se prêtait admirablement à cette spéculation.

Pour que les élevages de cette nature soient satisfaisants, il faut qu'ils soient conduits avec ensemble et avec suite ; celui qui les a raisonnés peut seul les mener à bonne fin. Il n'en a pas été ainsi à Gurley : les métis ont bien acquis le poids et les aptitudes qui devaient en faire de bons animaux de boucherie, la quantité de laine a aussi notablement augmenté, mais l'action du croisement n'a point amené l'uniformité dans le troupeau. La cause doit en être attribuée aux changements opérés dans la direction de la station. Cette assertion est confirmée par le fait suivant : l'an dernier, 24,000 brebis ont été mises au bélier. Sur ce nombre, 600, choisies parmi les plus belles bêtes, forment un troupeau à part, c'est le *stud flock* destiné à fournir des reproducteurs. Pendant mon séjour à Gurley, M. Keene fit retirer de ce petit troupeau relativement d'élite, les 25 meilleures brebis en vue de les allier à son meilleur bélier. J'assistais à ce triage et, comme je lui demandais combien il se trouvait, parmi ces 25 brebis, de bêtes présentant les mêmes caractères, il se borna à répondre que j'avais pu le voir aussi bien que lui. Et, de fait, il n'eût pas été possible d'en réunir trois qui fussent pareilles.

Le troupeau entier est composé de 132,000 bêtes, en y comptant les produits du dernier agnelage. Ce chiffre se décompose ainsi :

Brebis de deux à six ans	30,000
Brebis d'un an	7,000
Agneaux nés sur la station	29,400
Moutons de tout âge	43,000
Béliers, dont 160 âgés d'un an	700
Moutons et agneaux achetés pour être tondus une fois, et ensuite engraissés et vendus.	21,900
Total.	132,000

Les brebis de Gurley sont divisées en seize troupeaux.

La lutte commence dans la première semaine de mars. On donne deux béliers pour 100 brebis ; elles produisent en moyenne 88 agneaux. Dans les autres parties du New-South-Wales, le chiffre des naissances, d'après les documents officiels, est de 77.25 pour le même nombre de brebis entretenues en paddocks. A Gurley, les naissances atteindraient donc 11 p. 100 de plus que sur les autres stations. L'agnelage commence en août ; les agneaux sont sevrés cinq mois après, en janvier. C'est à ce moment qu'ont lieu la castration et l'amputation de la queue.

La quantité de laine obtenue des moutons de 4 ans est de $3^k,598$, qui se répartissent comme suit :

Toison.	$1^k,951$
Ventres et pattes	0 ,183
Locks et skirts	1 ,464
Total	$3^k,598$

Le rendement des brebis en viande et en laine varie suivant leur âge. Entre 2 et 6 ans, il est de $22^k,660$ de viande nette, et de $3^k,342$ de laine, savoir :

Toison.	2ᵏ,266
Ventres et pattes	0 ,170
Locks et skirts	0 ,906
Total	3ᵏ,342

Soit, en moyenne, pour les brebis de 2 à 6 ans, et les moutons de tout âge, dont le nombre est à peu près le même : 3ᵏ,384 de laine, qui se décomposent de la manière suivante :

Toison.	2ᵏ,723
Ventres et pattes	0 ,176
Locks et skirts	1 ,185
Total	3ᵏ,384

Lorsque la brebis vieillit, sa toison s'éclaircit sur le dos ; le ventre augmente de volume, et les parties en contact avec le sol quand elle est couchée, étant plus étendues, la somme des déchets est plus forte. Le rendement en laine, dans ce cas, se réduit aux proportions suivantes :

Toison	1ᵏ,557, soit en moins	0ᵏ,709
Ventres et pattes . . .	0 ,226, soit en plus	0 ,056
Locks et skirts	0 ,680, soit en moins	0 ,226

Les béliers ordinaires donnent en moyenne 4ᵏ,221 de laine, et ceux de choix, 4ᵏ,940.

Les qualités de la laine varient dans des proportions notables, selon les saisons. Lorsque l'hiver a été pluvieux et que le temps a favorisé le développement des burrs, les moutons ayant couché dans la boue, la quantité des déchets augmente et celle de la bonne laine diminue.

Les moutons sont engraissés à tout âge. Les brebis le sont à 6 ou 7 ans au plus, alors que l'état de leurs dents rend cette opération facile [1]. On ne recule cette limite que pour les bêtes remarquables par la beauté de leur conformation ou par des qualités exceptionnelles. Tuées grasses, les brebis fournissent 24ᵏ,483 de viande nette et 2ᵏ,463 de laine. Ce rendement en laine, inférieur à ceux que nous avons signalés plus haut, s'explique par les différences d'âge des animaux.

Les bêtes grasses sont vendues sur place au boucher par lots de

[1]. La dent des ovidés s'use beaucoup moins vite en Australie qu'en Europe.

2,000 ; il est tenu d'en prendre livraison et de les payer dans les trois mois qui suivent la vente.

Les moutons ne sont sujets à aucune maladie à Gurley : la pléthore, la cachexie et le tournis y sont inconnus. Quelquefois il arrive, mais rarement, que les animaux s'empoisonnent en mangeant des plantes vénéneuses. La gale existe dans la contrée ; on la traite par des bains composés de fleur de soufre et d'une infusion de tabac. La station a toujours été préservée de cette maladie. Elle le doit aux soins qu'on apporte à bien choisir les bêtes étrangères qui sont introduites dans ses troupeaux.

TONTE.

La tonte a lieu du 25 août au 15 novembre ; à Gurley, par exception, elle se fait en septembre (*fig.* IX, p. 63).

La veille du jour où les moutons doivent être tondus, ils sont conduits dans des parcs contigus au hangar à laine (*wool-shed*). Ils y sont tenus en réserve, ensuite ils passent dans les deux compartiments A du hangar à suer (*sweating-shed*), où leur toison, préservée de la pluie et de la rosée, acquiert le degré de siccité voulu. La tonte en est facilitée et le produit gagne en qualité.

Les dimensions de ces *sweating-shed* sont de 5^m,50 de longueur sur une largeur égale, ce qui fait une superficie de 30 mètres ; ils sont établis, de même que le hangar à laine, à 1 mètre au-dessus du sol. Ces diverses parties du bâtiment sont planchéiées à claires-voies, ainsi que les petits compartiments 1, 2, 3, etc. ; 34, 33, 32, etc. ; et les couloirs B, B', B''.

La tonte se fait dans la première partie du hangar. La laine est placée sur la table à classer.

L'autre partie du hangar contient la deuxième table à trier, les stalles destinées aux diverses qualités de laine, la presse et le magasin à laine ; elle est de plain-pied avec l'extérieur ; quatre marches relient ces deux corps de bâtiments.

Les moutons sont envoyés des *sweating-shed* A et A' dans les couloirs B, B', B'' longs, le premier de 51 mètres, le deuxième et le troisième de 12 mètres. Ces couloirs reçoivent les animaux destinés aux petits compartiments 1, 2, 3, etc., si l'on commence en A ; et ceux destinés à 34, 33, 32, etc., si l'on commence en A'. D'autre part, on fait passer par ces couloirs les bêtes que l'on veut envoyer dans les compartiments 35, 36, 37, etc., et dans 50, 49, 48, etc. Pour faciliter cette opération, on a donné à chacun de ces compartiments la largeur de 1, 2, 3, etc., de 34, 33, 32, etc., soit 1^m,50; de sorte qu'il suffit de laisser ouverte successivement la porte de chacun d'eux pour que le couloir se trouve fermé et que tous les moutons poussés, soit de A, soit de A′, soient contraints à entrer en 1, 2, 3, etc., et en 34, 33, 32, et ainsi de suite. On en introduit quinze à chaque fois.

Les tondeurs se tiennent dans le hangar, chacun devant le compartiment où se trouvent les animaux qui lui sont réservés; il les saisit, les emporte, les tond et les remet ensuite dans leur compartiment. Lorsque tous sont dépouillés de leur toison, il suffit d'ouvrir la porte du compartiment qui donne accès en B et celles des compartiments 1, 2, 3, etc., 34, 33, 32, etc., placés en face et qui ont aussi la même largeur que les couloirs B, B′, B″, pour former un passage par lequel les moutons se hâtent d'entrer dans les compartiments 1′, 2′, 3′, etc., 34′, 33′, 32′, etc. Quand ces pièces sont suffisamment remplies pour former un troupeau, on ouvre les portes extérieures de 1′, 2′, 3′, etc., le troupeau se constitue de lui-même et un berger l'emmène.

L'ouvrage des tondeurs se borne donc à prendre les moutons et à enlever leur toison. A cette fin, ils les saisissent, les font asseoir entre leurs jambes, détachent d'abord la laine du ventre et la jettent de côté; deux enfants la mettent à part et balayent la place. L'opération continue ensuite comme à l'ordinaire. Trois hommes sont affectés à l'enlèvement des toisons; à mesure qu'elles sont coupées, ils les transportent sur la table à classer D. Le classeur sépare à la main la laine de qualité inférieure, celle qui garnissait les jambes et les parties inférieures du corps. Ses aides, au nombre de cinq, mettent de côté cette laine ainsi triée, plient les toisons, les roulent, les lient avec une ficelle, et sur les indications du classeur, les rangent selon leur qualité dans les stalles E, F, G, H, I, J, destinées à les recevoir.

Les qualités établies par le classement sont ainsi désignées :

1^{rst} *Combing* extra (1re qualité à peigne extra);
1^{rst} *Combing* (1re qualité à peigne);
1^{rst} *Clothing* (1re qualité à carde);
Clippings;
Skirts;
Beleys and legs.
Les *beleys and legs* (ventres et pattes) sont mis ensemble.

Les *clippings* forment une qualité à part. On donne ce nom aux rognures qui se détachent des toisons, ce qui arrive lorsque le ton-

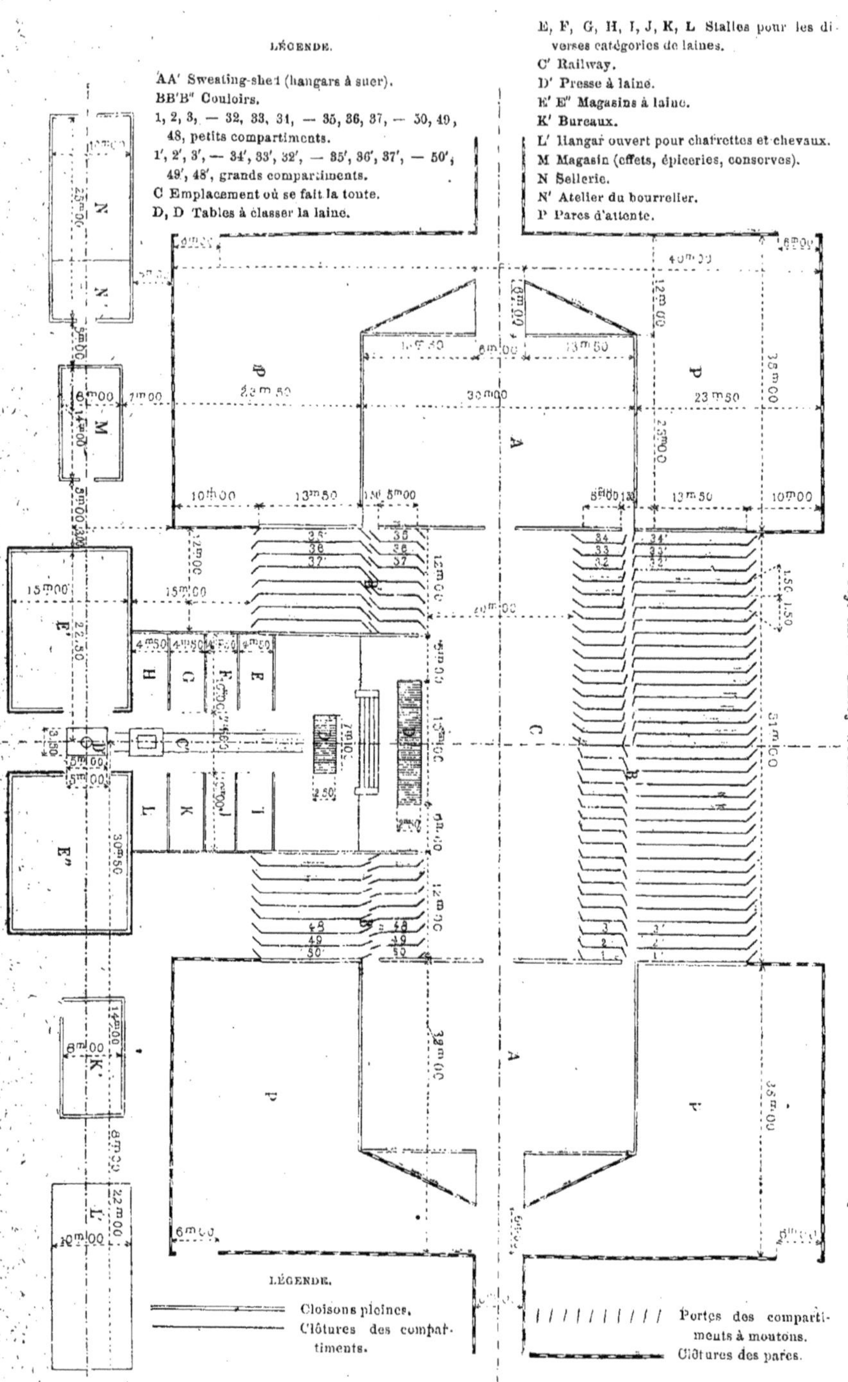

Fig. IX. — Gurley woolshed.

deur a donné deux coups de ciseaux l'un par-dessus l'autre. Les laines très courtes sont aussi classées parmi les *clippings*.

Les *skirts* comprennent tous les déchets et les parties de la toison souillées de fumier et de boue.

PRESSAGE DES LAINES.

Un homme charge la laine dans des wagonnets en C′ et l'approche de la presse placée en D′. A côté se tiennent deux autres ouvriers ; et, ensemble, ils forment les balles, les pressent et les cousent.

On évite une trop forte pression, qui aurait l'inconvénient de feutrer la laine.

Le poids des balles est de 226ᵏ,600 en moyenne.

La grande habitude que les presseurs ont de ce genre de travail leur permet de régler uniformément le poids des balles. Ce n'est qu'à la sortie de la presse que le poids est vérifié et que la mention en est faite sur la balle. On y appose finalement un numéro et la marque de la station de Gurley.

Le soin de ranger les balles dans les magasins à laine E′, E″, incombe aux hommes attachés à la presse.

Le personnel fixe de la station a son service réglé ; il n'en est pas détourné pendant toute la durée de la tonte.

COMPTE DES FRAIS DE TONTE ET DE PRÉPARATION DES LAINES.

Énumération du personnel supplémentaire et des frais journaliers de la tonte de 1878.

1 directeur de la tonte, chargé du soin unique de cette opération. Cet employé reçoit 75 fr. par semaine, soit par jour ouvrable.	12ᶠ50ᶜ	13ᶠ46ᶜ
Ration	0 96	
1 ouvrier pour pousser les moutons dans les parcs. . .	4 16	5 12
Ration	0 96	
1 aide au précédent	4 16	5 12
Ration	0 96	
A reporter		23ᶠ70ᶜ

Report		23ᶠ 70ᶜ

1 ouvrier pour conduire les moutons à la tonte et à les ramener ensuite au paddock . . . . 4ᶠ 16ᶜ } 5 12
Ration . . . . 0 96 }

2 enfants employés à recueillir les ventres et à balayer, à 2 fr. 08 c. l'un, ensemble. . . . . 4 16 } 6 08
2 rations . . . . 1 92 }

3 ouvriers pour porter les toisons sur la table à trier, à 3 fr. 64 c. l'un, ensemble. . . . . 10 92 } 13 80
3 rations . . . . 2 88 }

5 ouvriers pour plier les toisons, à 4 fr. 16 c. l'un, ensemble . . . . 20 93 } 25 63
5 rations . . . . 4 80 }

1 ouvrier pour ranger les toisons dans les stalles . . . 2 50 } 3 46
Ration . . . . 0 96 }

38 tondeurs gagnant 4 fr. 68 c. pour 20 moutons, soit 0 fr. 23 c. par tête (ils en tondent chacun 60, ensemble 2,280) 14 04   533 52

1 classeur payé 20 fr. pour 1,000 toisons, soit pour 2,280 toisons. . . . . 42 60 } 46 56
Ration . . . . 0 96 }

2 ouvriers à la presse ; 1 ouvrier pour transporter la laine et aider à la presse. Ces trois ouvriers reçoivent chacun 1 fr. 20 c. par 100 kilogr. de laine pressée, soit pour 6,615ᵏ,737 par jour. 26 40   79 38

Total	737ᶠ 25ᶜ

La tonte a duré 40 jours; les frais de main-d'œuvre se sont élevés à 30,227 fr. 25 c.

COMPTE DES FRAIS DE LA STATION.

Le relevé général des frais de la station nous donne pour 1878 :

Intérêts sur le capital engagé. Ces intérêts se confondant avec le bénéfice, ne doivent figurer dans les frais que pour mémoire. Le taux de l'argent étant connu, il est facile de déterminer la somme qui représente les intérêts.

	Mémoire.
Location de 60,000 hectares à 0 fr. 195 l'un	11,718ᶠ 75ᶜ
Impôt (9 f r. 35 c. pour 1,000 moutons), soit pour 92,000.	860 20
Assurance de 630,061 fr. de laine à 1 fr. 65 c. p. 100 . .	10,393 95
Personnel attaché à la station, rations comprises	96,151 96
Journaliers employés à couper les burrs (février, mars, avril, mai), rations comprises.	11,769 60
Frais de tonte, 41 journées à 737 fr. 25 c. l'une	30,227 25
Journées consacrées à divers travaux.	8,396 95
Charrois	7,338 30
Entretien des bâtiments	2,764 60
Assurances immobilières.	25,000 »
Amortissement de la machine à vapeur.	1,600 »
Usure du matériel (amortissement en 10 ans)	1,250 »
Usure des chevaux (amortissement en 12 ans), valeur de l'un 300 fr., soit pour 100 chevaux	2,500 »
Perte annuelle de 4 fr. 50 c. p. 100 sur le troupeau . . .	43,375 »
Dépenses ordinaires.	77,295 35
Total.	330,641ᶠ 71ᶜ

RECETTES DE LA STATION EN 1878.

Laine, 253,750 kilogr. à 2 fr. 48 c. l'un.	629,300ᶠ »ᶜ
Moutons, vente annuelle comprenant 29,500 bêtes, savoir :	
Moutons gras, 14,000 à 10 fr. 625 l'un	148,750 »
Brebis de deux ans, 2,000 à 10 fr. 625 l'une	21,250 »
Brebis âgées, 2,000 à 9 fr. 35 c. l'une.	18,750 »
Béliers, 200 à 50 fr. l'un	10,000 »
Brebis et moutons du croît des années précédentes que la station a conservés on vendus, 11,300 bêtes à 7 fr. 50 c. l'une.	84,750 »
Peaux de moutons, 50 balles à 175 fr. l'une	8,750 »
Total.	921,550ᶠ »ᶜ
A déduire les frais, soit.	330,641 71
Reste comme produit net	590,908ᶠ 29ᶜ

Après avoir établi les comptes de 1878, il importe de les rapprocher de ceux de 1879, afin de déterminer la moyenne des revenus de ces deux années.

Le personnel engagé à la semaine ou pour un temps plus long était le même en 1879 que l'année précédente ; l'emploi de cette main-d'œuvre et son prix n'ont pas varié. De plus, les produits

autres que la laine ont obtenu en 1879, à des différences insigni-
fiantes près, les mêmes prix qu'en 1878.

L'année 1879 a été moins bonne que 1878, bien que la quantité de
laine ait été plus forte : 82,000 moutons ont rendu 266,945 kilogr.
de laine qui se sont vendus 1 fr. 919 le kilogramme.

En 1878, au contraire, 92,000 bêtes n'ont donné que 253,750 kilogr. de laine qui ont valu 2 fr. 48 c. l'un.

C'est pour 1879 un excédent sur 1878 de 13,195 kilogr. de laine
obtenus, comme on vient de le voir, avec 10,000 moutons de moins.

Cette augmentation de rendement doit être attribuée à une abondance plus grande de pâturage, à la réforme de vieilles brebis et à
leur remplacement par de jeunes bêtes élevées sur la station.

COMPTES DE 1879.

Nous ne présentons pas le détail des débours faits en 1879 ; ils
sont dans l'ensemble les mêmes que ceux de 1878. La seule différence porte sur la tonte des moutons et la préparation des laines.

Ces opérations ayant exigé 41 jours en 1878 et seulement 36 en
1879, se sont soldées, pour cette dernière année, par une diminution de frais de 3,616 fr. 25 c.

RECETTES :

Vente de 266,945 kilogr. de laine à 1 fr. 919 l'un	512,267ᶠ 45ᶜ
Ventes de moutons, brebis, béliers, peaux	292,250 »
Total.	804,517ᶠ 45ᶜ

DÉPENSES :

Frais à déduire	327,025 46
Bénéfice net.	477,491ᶠ 99ᶜ

RÉSUMÉ :

Recettes en 1878.	921,550ᶠ »ᶜ	
Dépenses en 1878.	350,641 71	
Bénéfice net. . .	590,908ᶠ 29ᶜ	590,908ᶠ 29ᶜ
Recettes en 1879	804,517 45	
Dépenses en 1879.	327,025 46	
Bénéfice net. . .	477,491ᶠ 99ᶜ	477,491 99
Total.		1,068,400ᶠ 28ᶜ

La moyenne des bénéfices nets, par année, s'élève donc à 534,200 fr. 14 c.

Gurley, comme toutes les bonnes stations, a augmenté de valeur pendant ces dernières années ; et, comme conséquence, il en a été de même des terres louées du Gouvernement et qui sont soumises au même traitement. La construction de la voie ferrée de Newcastle à Gunnedah, devant de ce point se diriger dans le Nord du New-South-Wales, accroîtra encore cette plus-value en facilitant les communications avec des gares plus rapprochées.

La valeur de Gurley, fixée au plus bas, représente approximativement un capital de 6,236,539 fr. qui se décompose ainsi :

Part de propriété du capitaine Smith	2,491,314 fr.
Achats de terres et de matériel y attaché (moutons, chevaux, bœufs)	2,034,225
Dépenses diverses depuis l'achat	15,000
Abreuvoirs et puits	375,000
Cabanes pour les bergers	15,000
Yards, stack-yards, accessoires.	150,000
Total, chiffres certains.	6,080,539 fr.
A ajouter, débours approximatifs :	
Achats de moutons.	150,000
Achats de mobiliers	6,000
Totaux.	6,236,539 fr.

Telle serait à peu près la valeur de la station arrêtée sur des chiffres, les premiers puisés à bonne source, les derniers fixés sur des prix reconnus. Cette valeur est susceptible d'être contrôlée par un calcul bien simple et qui peut être appliqué à toutes les bonnes propriétés de la même contrée. Il suffit de prendre pour unité, selon un usage admis, l'intérêt de 10 p. 100, quelquefois même celui de 16 p. 100, lorsque les parcours sont pauvres et exposés au fléau de la sécheresse ; de ramener le revenu annuel à ce taux et de rechercher finalement le capital qui en est la représentation.

Les terres de Gurley, par la régularité de leur production, se prêteraient mieux que beaucoup d'autres à ce dernier mode de calcul, si leur exploitation était réglée sur leur richesse naturelle. Mais elles sont ménagées et ne rendent pas ce qu'on pourrait sagement en retirer. Leurs produits se répartissent à peu près également sur toutes les années. En agissant ainsi, le propriétaire se montre, il faut bien le reconnaître, plus prévoyant que la généralité des éleveurs et surtout des squatters, dont la pensée dominante est de faire rendre au sol tout ce qu'il peut produire dans le temps le plus court, sans se soucier de soutenir sa productivité qui décline insensiblement, le fait est reconnu, sous l'action d'un broutement incessant. Imprévoyance fatale qui, en bien des circonstances, a causé de nombreuses ruines !

Dans une station sagement dirigée, le nombre des troupeaux doit être notablement inférieur aux ressources en pâturages. On doit éviter de les livrer à une consommation sans mesure. Ce n'est que par cette sage précaution que l'on maintient dans le sol assez de fraîcheur, et dans les plantes assez de vigueur pour résister à des sécheresses souvent très prolongées. Les habiles directeurs de Gurley l'ont bien compris ; aussi la pénurie des herbages n'a-t-elle jamais sérieusement compromis l'existence de leurs troupeaux.

Cette saine pratique, appuyée sur des exemples nombreux, bien propres à la faire prévaloir, est à peine entrevue par la petite population du New-South-Wales, bien petite, en effet, eu égard aux immenses superficies encore inexploitées, qui sollicitent le travail de ses bras.

Mais Gurley, par la fécondité remarquable de son sol, par son climat plus favorable aux troupeaux que celui des stations environnantes, pourrait facilement nourrir 200,000 moutons, sans que ses ressources alimentaires fussent exposées à disparaître ou à diminuer bien sensiblement, quelles que soient les ardeurs de l'été. Ses revenus sont disproportionnés à la richesse de son fonds ; et de plus, il est notoire que cette richesse s'est beaucoup accrue par les améliorations réalisées depuis son changement de propriétaire.

Le mode d'estimation par le revenu, comme étalon de la valeur du capital, n'est donc point absolument applicable à Gurley. Au surplus, ce procédé, d'une vérité reconnue en Europe où la propriété est estimée sur son revenu et souvent sur les convenances personnelles, n'est point aussi exact dans un pays où la civilisation vient à peine de pénétrer, où la population est clairsemée, où les points principaux du territoire sont à peine reliés par des voies régulières, et enfin où le capital est à l'état de formation. La propriété retire de ces conditions un caractère tout spécial et nécessairement aussi un facteur qui lui est propre et dont il faut tenir grand compte : pour les stations australiennes, ce facteur, c'est l'*industrie*.

Ce fait établi, il est évident que la station de Gurley vaut bien moins par les 85,120 hectares de terre qui constituent son fonds et la jouissance des 60,000 qu'une location consentie par l'État lui a permis d'y ajouter, que par le produit de ses 132,000 moutons, et par les profits qu'elle réalise, par suite de son grand commerce de laines, du croît de ses troupeaux, de la vente de ses suifs, de ses peaux, etc., tous éléments d'une grande industrie.

La capacité des directeurs, comme dans toutes les entreprises, a aussi une bonne part dans les heureux résultats de cette lucrative spéculation. Ce serait donc s'exposer à un mécompte, que de rechercher la valeur de Gurley sur un revenu manifestement inférieur à celui que l'on en pourrait obtenir.

Sans remonter bien haut, et en ne se basant, comme on l'a vu, que sur les recettes connues de 1878 et 1879, il en est donc résulté que la moyenne des revenus, pendant ces deux années, se serait élevée à 534,200 fr. 14 c.

Si l'on détermine le capital représenté par la station d'après cette moyenne, en recherchant son équivalent dans l'intérêt de 10 p. 100 et sans tenir compte de la plus-value, on obtient en chiffre rond, un total de. . . . . 5,342,000 fr.

Or, le relevé présenté plus haut accuse le chiffre de. 6,236,539

Il y aurait une différence de. . . . .   893,789 fr.

Pour arriver à un résultat plus exact, il faudrait calculer sur le revenu que la station peut rapporter et non sur celui que l'on en retire.

La station de Gurley peut facilement nourrir 200,000 moutons ; c'est un fait reconnu. Mais sans élever l'effectif de ses troupeaux à ce chiffre, ses ressources en pâturages lui permettraient encore de l'accroître de 28,000 têtes et de réaliser ainsi un intérêt de 10 p. 100 sur son capital estimatif de 6,236,539 fr. En ajoutant les bénéfices que procurerait l'excédent des 28,000 moutons à ceux que donnent les troupeaux actuellement entretenus, au lieu de 534,200 fr., on obtiendrait annuellement 646,400 fr., sans qu'il fût nécessaire de rien changer à l'aménagement existant.

Ce serait une augmentation de recettes de. . . . .   112,300 fr. dont il faudrait déduire :

Frais occasionnés par 28,000 moutons, au maximum.   22,822

Reste. . . . .   89,478 fr.

Ce dernier chiffre, ajouté au produit annuel de. .   534,200

donne un total de. . . . .   623,678 fr.

Évaluée sur ce rendement, et à 10 p. 100, la station vaudrait

6,236,780 fr. A 241 fr. près, cette somme est la même que celle qui a été obtenue précédemment par le décompte des capitaux engagés dans la création de Gurley.

Le sol de Gurley convient à tous les genres de culture. Mais originairement le manque de bras, ou plutôt leur rareté, détournait les colons des entreprises culturales. L'élevage sur une grande échelle pouvait seul être tenté avec profit. Celui des bêtes à cornes n'est pratiqué que sur les pâturages trop grossiers pour les moutons. Des hommes judicieux et pratiques comme les propriétaires de Gurley devaient être amenés à accorder leurs préférences à l'élevage du mouton, l'animal qui paie le mieux : « *the best paying animal* ». Cette préférence généralement comprise a été le point de départ de grandes richesses pour l'Australie et pour sa métropole. Gurley, à un point de vue privé, en a retiré profit et a atteint un degré de remarquable prospérité. Nous avons été assez heureux pour le constater et pour en féliciter son propriétaire, l'honorable capitaine Smith ; nous nous plaisons à le répéter, au souvenir de l'accueil plein de courtoisie que nous avons reçu sous son toit hospitalier.

Nancy, imprimerie Berger-Levrault et Cⁱᵉ.